GAODENG YUANXIAO YISHU SHEJI
CHUANGXIN SHIXUN JIAOCAI

高等院校艺术设计创新实训教材

▎HUANJING YISHU
GONGCHENG YUSUAN

环境艺术
工程预算

陈教斌　李　平　主　编▎

刘　迪　副主编

U0398141

重庆大学出版社

图书在版编目（CIP）数据

环境艺术工程预算/陈教斌,李平主编. —重庆:重庆
大学出版社,2015.3（2022.7 重印）
高等院校艺术设计创新实训教材
ISBN 978-7-5624-7924-6

Ⅰ.①环… Ⅱ.①陈…②李… Ⅲ.①环境设计—建筑预算定
额—高等学校—教材 Ⅳ.①TU723.3

中国版本图书馆 CIP 数据核字（2014）第 248804 号

高等院校艺术设计创新实训教材
环境艺术工程预算
陈教斌 李 平 主 编
刘 迪 副主编
策划编辑:张菱芷 蹇 佳 席远航
责任编辑:文 鹏 邓桂华 版式设计:蹇 佳
责任校对:谢 芳 责任印制:赵 晟

*

重庆大学出版社出版发行
出版人:饶帮华
社址:重庆市沙坪坝区大学城西路 21 号
邮编:401331
电话:(023) 88617190 88617185(中小学)
传真:(023) 88617186 88617166
网址:http://www.cqup.com.cn
邮箱:fxk@ cqup.com.cn（营销中心）
全国新华书店经销
重庆市国丰印务有限责任公司印刷

*

开本:710mm×1020mm 1/16 印张:15 字数:268 千
2015 年 3 月第 1 版 2022 年 7 月第 2 次印刷
印数:3 001—4 000
ISBN 978-7-5624-7924-6 定价:37.00 元

序

进入 21 世纪的第二个十年,基于云技术和物联网的大数据时代已经深刻而鲜活地展现在我们面前。当前的艺术设计教育体系将被重新建构,同时也被赋予新的生机。

艺术设计教育的学校模式满足了工业化时代的人才需求;专业的设置、衍生及细分是应对信息时代的改革措施。然而,在中国经济飞速发展的过程中,中国的艺术设计教育却一直在被动地跟进。未来的学习,将更加个性化、自主化,因为吸收知识的渠道遍布在每个角落;未来的学校,将更加注重引导和服务,因为学生真正需要的是目标的树立与素质的提升。在探索过程中,如何提出一套具有前瞻性、系统性、创新性、具体性的课程改革方法将成为值得研究的话题。

本套教材集合了一大批具有丰富市场实践经验的高校艺术设计教师作为编写团队。在充分研究设计发展历史和设计教育、设计产业、市场趋势的基础上,不断梳理、研讨、明确了当下艺术设计教育的本质与使命。我们提出:一是将"以市场为导向、以科技为基础、以艺术为手段"作为当下设计教育的立足点,是改善学生知识结构、激发学生自主学习潜能、建立新教学体系的指导思想,也是编写本套教材的理论基础;二是"将基础课程模块化、主干课程目标化、实践课程项目化",是在知识爆炸的时代,重新建构艺术设计教学体系的优化解决方案;三是注重学生职业素养培训的"亮相教育",是将理论知识与市场经验转化为青年设计师核心竞争力的关键。

紧跟时代、引领时代,是当下艺术高等教育的路径,我们才刚刚起步。敬请朋友们批评、指正。

西南大学食品科学学院包装工程系创始人

重庆人文科技学院建筑与设计学院院长

张　雄

2015 年 1 月

前　言

　　环境艺术工程预算课，一看便是很理论、很枯燥、很深奥的课，怎样把这门课上好，让学生在主动、探究、创造性的氛围中学到知识和能力，是每位参与该课程的同学和老师孜孜以求的。本教材突破传统教材的体例，引导课堂教学从过去的被动灌输转变为主动吸取，吸引同学们的兴趣。教材采用章和课题的形式，避免以往的章节形式，在每章的后面有一些拓展性的思考，有教学评价，有相关的网站和文献的链接，将教学从课堂延伸至课外。

　　本教材很少叙述理论知识，而是将其融会于课题中、方案中，甚至需要同学们在课后根据章后的知识链接自己整理答案。因为大学课堂的课时本来就少，要在很短的课时中把理论知识学得很精也不现实。况且环艺专业的工程预算课需要大量综合的相关知识，特别是需要材料和工艺方面的实践经验，因此我们的培养目标不是要培养出色的造价师，而是对环境工程预算有一定的了解，能为环境艺术设计服务即可。

　　环境艺术工程预算在不同的专业中称呼不同，有的叫室内装饰预算、建筑装饰预算、园林工程预算等，有的院校也将其与招投标课结合起来上。给环境艺术专业学生只上其中之一均有失偏颇，故本教材主要参考建筑工程预算，兼顾室内环境工程预算和园林环境工程预算的学习。在建设项目过程的各阶段的预算中以施工图预算为重点，结合不同的案例来阐述。

　　21 世纪是一个与时俱进的变革时期，环境艺术专业也在新的文化思潮、新的科学技术、新的材料不断出现中不断前进。环境艺术工程预算课程的教学也应随之不断变革与创新。一直以来，中国的艺术设计教育最缺乏的是对学生创造力的培养，对事物的怀疑精神和批判精神。因此本教材提倡学生应主动独立思考，不要相信标准答案，不要相信权威，要勇于在没有标准答案中找到自我。教师在教学中应把握好兴趣与能力、知识与技能、传统与创新的关系。

编　者

2015 年 1 月

目　录

环境艺术工程预算认知

HUANJING YISHU
GONGCHENG YUSUAN RENZHI

No.1

互动体验

■ 从图表中树立预算知识的整体性

从预算知识结构图中找出自己已经具备和有所欠缺的知识点,并在课后对不足的知识加以补充学习(图1.1,图1.2)。

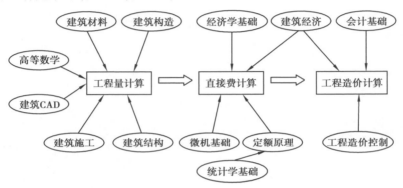

图1.1　预算知识的结构图

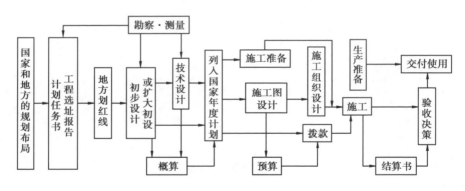

图1.2　建设程序示意图

第 **1** 课

基本建设

DIYIKE
JIBEN JIANSHE

1 基本建设的概念

基本建设是指固定资产扩大再生产的新建、扩建、改建、恢复工程及与之相关的其他工作。

所谓固定资产,是指在社会再生产过程中,可供生产和生活较长时间使用,在使用过程中基本保持原有实物形态的劳动资料和其他物质资料。其时间要求使用一年以上,单位价值在规定限额 2 000 元以上。

凡不同时具备使用年限和单位价值限额两项条件的劳动资料均为低值易耗品。

2 基本建设的内容

基本建设一般包括以下五方面的内容:

①建筑工程;②设备安装工程;③设备、工具、器具的购置;④勘察与设计;⑤其他基本建设工作,指上述各类工作以外的各项基本建设工作,如筹建机构、征用土地、培训工人及其他生产准备工作等。

3 基本建设项目的划分

①按基本建设管理和合理确定工程造价的需要划分:有建设项目、单项工程、单位工程、分部工程、分项工程 5 个项目层次。

建设项目一般是指具有计划任务书和总体设计、经济上实行独立核算、管理上具有独立组织形式的基本建设单位。如一座工厂、一所学校、一家医院等均为一个建设项目。

单项工程是指具有独立的设计文件,建成后可以独立发挥生产能力和效益的工程。

单位工程是指具有独立设计文件,可以独立组织施工,但建成后一般不能独立发挥生产能力和使用效益的工程。

分部工程是指在一个单位工程中，按工程部位及使用的材料和工种进一步划分的工程。

分项工程是指在一个分部工程中，按不同的施工方法、不同的材料和规格，对分部工程进一步划分的，用较为简单的施工过程就能完成，以适当的计量单位就可以计算工程量及其单价的建筑或设备安装工程的产品。

②按建设项目建设的性质划分：有新建、扩建、改建、迁建项目。

③按建设规模大小划分：有大、中、小型项目。在风景园林工程规模中，投资额在500万元以下的为小型规模工程，500万至2 000万的为中型规模工程，2 000万以上的为大型规模工程。在室内设计工程中，规模的大小分法有所不同。

4 基本建设的程序

基本建设程序是指基本建设在整个建设过程中各项工作必须遵循的先后次序。一般基本建设由9个环节组成：

①提出项目建议书；②进行可行性研究；③设计任务书；④编制设计文件；⑤工程招投标、签订施工合同；⑥进行施工准备；⑦全面施工、生产准备；⑧竣工验收、交付使用；⑨工程项目后评价。

本教材所指的基本建设是环境艺术工程建设，即包括室内工程、建筑工程、园林工程等在内的新建、扩建、改建、恢复等基本建设工程（表1.1）。

表1.1　工程建设程序表

阶段\项目		主要内容	文件	投资	备注
决策	规划	规划缘由，建设目的，布局，地点、项目、投资、效益、工期、条件等	计划（设计）任务书、平面布局图、选址报告	估算	批准文件、红线图
设计	初步设计　扩初设计 技术设计	①基础资料、勘察、测量；②方案比较，论证；③建筑物，构筑物设计；④材料、设备	设计图、设计说明书（设计计算书）	概算	批准文件
	施工图设计	建筑、结构、电气、给排水、设备安装、暖通等	施工图	施工图预算	施工许可施工合同
施工		场地、进度、质量、安全、设计变更、隐蔽工程、施工管理等	施工组织设计	施工预算	开工报告、验线
验收		验收、试运转、交接手续、财产清理	竣工图	决算	竣工报告

第 **2** 课

招投标

1 招投标的概念

(1) 招标

建设工程招标,指招标人在发包建设项目之前,以法定的方式公开招标或邀请投标人,根据招标人的要求参加投标竞争,择日当场开标,从中择优选择中标人的一种经济活动。

(2) 投标

建设工程投标,是与招标相对应的概念,指经过招标人审查后获得投标资格的单位和企业,根据招标文件的要求在规定时间内填写投标书,力争中标的一种经济活动。

招投标实际上是一种要约行为,一旦中标,投标人要受投标书的约束;招标人要同意接受中标的投标人的投标条件,互守承诺。

2 招标的范围、种类和方式

(1) 招标范围

根据我国《招标投标法》规定,凡在中华人民共和国境内进行下列工程建设项目,包括项目勘察、设计、施工、监理以及与工程建设有关的重要设备、材料的采购,必须进行招标。一般包括:①大型基础设施、公用事业等关系到社会公共利益、公共安全的项目;②全部或者部分使用国有资金投资或国家融资的项目;③使用国际组织或者外国政府贷款、援助资金的项目。

(2) 招标种类

建设工程项目的招标种类包括:建设工程项目总承包招标、建设工程勘察招标、建设工程设计招标、建设工程施工招标、建设工程监理招标、建设工程材料设备招标。

（3）**招标方式**

建设工程项目招标的方式根据竞争方式和竞争范围来分，可以有不同的招标方式。前者可以分为公开招标和邀请招标，后者可以分为国际招标和国内招标。

3 招投标的程序和投标策略

（1）**招标程序**

①准备阶段。主要包括组建招投标工作机构、提出招标申请、准备招标文件、编制标底和招标办事机构审定等工作。

②招标阶段。主要包括发布招标公告或邀请书、投标单位资格预审、发售招标文件、组织勘查现场并答疑、招标补充文件编制和接受投标文件等工作。

③决策阶段。主要包括开标、公布标底、评标和定标等工作。

④成交阶段。主要就是签订合同的工作。

（2）**投标程序**

建设项目投标程序主要包括报名参加投标、办理资格审查、购买招标文件、研究招标文件和相关信息资料、建立投标机构、确定投标策略和方案、编制投标文件、投送标书、参加开标会议等工作。

（3）**投标策略**

投标策略是投标人经营决策的组成部分，个中因素十分复杂。投标时，投标人根据经营状况和经营目标，既要考虑自身的优势和劣势，也要考虑竞争的激烈程度，还要分析投标项目的整体特点，按照工程的类别、施工条件等确定投标策略。主要的投标策略包括多方案报价法、增加建议方案法、突然降价法、不平衡报价法。

多方案报价法和增加建议方案法都是针对业主的，是承包商发挥自己技术优势、取得业主信任和好感的有效方法。运用这两种报价技巧的前提均是必须对原招标文件中的有关内容和规定报价，否则，会被认为对招标文件未作出"实质性响应"，而被视为废标。

突然降价法是针对竞争对手的，其运用的关键在于突然性，且需保证降价幅度在自己的承受能力范围之内。

投标人在投标过程中会经常采用不平衡报价法，即在总价基本确定后，调整内部各个项目的报价，在不提高总价、不影响中标的前提下，结算时能收到更理想得经济效益。常见的不平衡报价法有：

①为能够早日收回资金的项目，如前期措施费、基础工程、土石方工程等可以报价较高，以利于前期资金周转，后期工程项目报价可适当降低。

②经过工程量核算，预计结算工程量会增加的项目，单价可适当提高，在最终结算时可获得更多的利润。而将工程量有可能减少的项目单价降低，工程结算时损失不大。

③对设计图纸不明确，估计图纸修改后工程量要增加的，可以提高单价，而对工程内容不明确的项目，报价可适当降低。

④在其他项目费中要报工日单价和机械台班单价，报价可以高些，以便在日后招标人用工或使用机械时可多获盈利。

4 招标文件案例

招 标 文 件

项目名称：某省体育局运动康复基地露天温泉改造提升工程

标书编号：201×××30

总 目 录

招标公告

招标书

合同条款

第一章 招标公告

（标书编号：201×××30）

某省体育产业指导中心决定就其所需的某省体育局运动康复基地露天温泉改造提升工程进行公开招标采购，现欢迎符合相关条件的合格投标人投标。

一、招标项目名称及编号：某省体育局运动康复基地露天温泉改造提升工程（标书编号：201×××30）

二、招标方式：公开招标

三、投标有效期：开标后30天

四、投标书递交至:某省体育产业指导中心(详细地址)

投标截止时间:2010 年 9 月 6 日 9:30

投标书接收人:徐××　联系电话:×××××××　传真:×××××××

五、开标时间:2010 年 9 月 6 日上午 10:00

开标地点:某省体育局五环大厦 11 楼会议室(暂定)

六、施工地点:××运动康复基地内

七、正本份数:1 份　副本份数:两份

八、投标保证金:1 万元(现金)

九、签订合同地点:某省体育产业指导中心

十、本次招标联系事项:

联系人:徐××　联系电话:×××××××

招标单位联系地址:某市五环大厦 1904 室

技术咨询:宋××　联系电话:×××××××

十一、其他应说明事项:标书在某省体育局网站免费下载,如确定参加投标请如实填写投标确认函并按要求传真回复(传真号码×××××××)。

2010 年 8 月 23 日

第二章　招标书

某省体育局运动康复基地露天温泉改造提升工程由政府投资,为了坚持公开、公正、公平竞争的原则,达到确保工程质量,缩短建设工期,提高投资效益,现决定采用公开招标方式择优选择设计与施工队伍。本工程招标事项及有关要求如下:

一、工程概况

1. 工程名称:某省体育局运动康复基地露天温泉改造提升工程

2. 施工地点:某省某县某镇运动康复基地内

3. 建设单位:某省体育局

二、招标内容

1. 标段划分:设计与施工由投标单位统一负责,不付设计费,只付工程费用。

2．招标内容:运动康复基地露天温泉现在整体感觉比较平坦、景观绿化偏少且缺乏层次感,软硬景观在大小、远近、高低、虚实、动静之间搭配不够,温泉池之间基本无遮挡,周边大树较稀,严重缺乏私密性。本次改造提升工程是为了提升露天温泉的档次,营造运动康复和休闲的良好氛围,增强温泉休闲的私密性和功能性,要求投标单位在基本利用现有设施和管网的基础上,通过绿化、石块和局部改造来实现效果,另外有6栋别墅室外温泉池也需要适度改造,总费用上限为30万元人民币,不得突破。

3．工程量清单由投标单位根据自身设计方案自行编制,如有变更,工程决算以实际验收为准,但须事先经双方确认。

4．因设计中堆坡造型的特殊要求,施工方必须进行场地平整,在铺种草皮及地皮植物前,场地平整到位须经建设方和施工方共同验收后方可进行下道工序的施工。

5．工期:60天内。

6．质量要求:按国家现行的质量评定标准和施工技术验收规范验收达到合格。

三、投标人条件

投标人必须为具备园林绿化施工三级及以上施工资质的企业,近三年所承建的工程履行合同能力良好,无合同纠纷及违约、违法行为,现有组织机构、设备配置、技术人员及其他主要人员具备相应资格及丰富的景观设计、种植和养护经验。

四、投标须知

1．发标时间:2010年8月23日

2．发标地点:某省体育产业指导中心

3．投标截止时间:2010年9月6日上午9:30前,逾期送达的或不符合规定的投标文件将被拒绝。

4．投标地点:某省体育产业指导中心

5．开标时间:2010年9月6日上午10:00

6．开标地点:某市五环大厦11楼会议室(暂定)

7．投标文件份数及要求:正本一份,副本两份

8．现场勘察:建议投标人对工程现场和周围环境进行现场勘察,以获取与投标和签署合同及施工中所必需的所有资料及条件。

9．获取《招标文件》的方法和时间:北京时间2010年8月23日起至投标截止时间,某省体育局网站下载《招标文件》。投标人需交投标保证金壹万元人民币(现金),中标后投标保证金转为履约保证金,未中标的投标人在退还图纸时,投标保证金将同时退还给投标人(不计利息)。

五、投标报价说明

1. 投标报价为招标文件及工程量清单范围内的所有工作内容，各投标单位可根据工程情况、市场行情、企业自身经营能力及自然灾害、二次搬运等各项因素，自行决定报价，报出清单综合单价及总价。

2. 投标人应按招标文件规定填写所投标的工程量清单中所述的所有工程项目单价和合价，没有填入单价或合价的项目，发包人不予支付，并认为此项目费用已包括在工程量清单的其他单价或合价之中。单价和合价应包括所在工程施工、检验与验收、移交前的养护等合同所规定的一切费用，其中也包括投标人的利润和应承担的风险的费用。

3. 承包人应交纳的各种规费和税金、措施项目费和其他项目费用等，均应包括在投标人递交的投标文件的单价中。

4. 合同有效期内不因物价波动调整合同价格。

5. 工程采用总报价一次性包干方式（不作政策性调整）。工程竣工结算时只对设计变更、工程量增减或招标文件规定的其他情形调整合同价款，计算方式按招标文件规定执行。

6. 投标总价：投标报价单分项合计。

7. 投标单位应对其投标正确性及完备性完全负责，一旦中标，均不得以漏项或未考虑为借口来调整合同价款。

8. 投标货币：投标文件报价全部采用人民币报价。

9. 招标单位不接受选择性报价。

10. 付款方式：工程验收合格付至合同总额的 60%，半年后再付合同总额的 30%，一年养护期满付至审计价的 100%。

六、投标文件的组成

1. 设计方案及效果图、投标报价书，必须加盖单位和法人代表印鉴。

2. 营业执照、资质证书等资格。

3. 承诺书：对施工工期、质量、安全、文明、养护期及其他要求的承诺。

4. 授权委托书。

5. 工程量清单。

七、投标文件的递交

1. 密封和标志：投标单位应将投标文件分别密封在封套内，封口处必须加贴密封条并加盖投标单位公章和法人代表印章，写明：

某省体育局运动康复基地露天温泉改造提升工程投标文件

某省体育产业指导中心　收

以及投标单位名称、地址。开标前标书不得开封。

2. 投标文件各一式两份。正本一份,副本两份。

八、开标、评标、定标

1. 该工程由招标单位、项目主管单位及邀请的专家组成评标小组。

2. 投标文件澄清:如在评标时发现数字表示的金额与用文字表示的金额不一致时,以文字为准,总价金额与单价金额不一致时,以单价金额为准,但单价金额小数点有明显错误除外。修正后的投标报价经投标人同意后,对投标人起约束作用,如投标人不接受修正后报价,则其投标将被拒绝,不影响评标工作。

3. 本工程采用综合评定中标法,价格占 40 分,设计、施工方案合理性占 60 分。

九、备注

1. 中标单位接到中标通知后 7 天内签订施工合同。

2. 如中标单位现在使用物品不符合招标要求,招标人拒绝验收。

十、本招标工程项目的开标会,投标人的法定代表人或委托代理人应准时参加开标会议。

十一、本招标文件未尽事宜,遵守《中华人民共和国招标投标法》和《政府采购法》规定。

第三章　合同条款及前附表

招标文件的施工合同条件采用国家工商行政管理局和中华人民共和国建设部制定的《建设工程施工合同》(GF－1999－0201)文本,中标供应商不得提出实质性的修改,关于专用条款将由买方与中标供应商结合本项目具体情况协商后签订。

投标函

致:某省体育产业指导中心

根据贵方某省体育局运动康复基地露天温泉改造提升工程 201×× ×30 号招标文件,正式授权下述签字人 ＿＿＿＿＿＿＿＿＿＿＿(姓名和职务)代表我方＿＿＿＿＿＿＿＿＿＿＿(投标人的名称),全权处理本次项目投标的有关事宜。

据此函,签字人兹宣布同意如下:

1. 按招标文件规定的各项要求,向买方提供所需货物与服务。

2. 我们完全理解贵方不一定将合同授予最低报价的投标人。

3. 我们已详细审核全部招标文件及其有效补充文件,我们知道必须放弃提出含糊不清或误解问题的权利。

4. 我们同意从规定的开标日期起遵循本投标文件,并在规定的投标有效期期满之前均具有约束力。

5. 如果在开标后规定的投标有效期内撤回投标或中标后拒绝签订合同,我们的投标保证金可被贵方没收。

6. 同意向贵方提供贵方可能另外要求的与投标有关的任何证据或资料,并保证我方已提供和将要提供的文件是真实的、准确的。

7. 一旦我方中标,我方将根据招标文件的规定,严格履行合同的责任和义务,并保证于"投标人须知前附表"中规定的时间完成某省体育局运动康复基地露天温泉改造提升工程,交付买方验收、使用。

8. 遵守招标文件中要求的收费项目和标准。

9. 与本投标有关的正式通讯地址为:

地　　址:

邮　　编:

电　　话:

传　　真:

投标人开户行:

账　　户:

投标人授权代表姓名(签字):

投标人名称(公章):

日　　期:_____年____月____日

第 **3** 课

施工图识读

工程设计图是指按规定画法表示建设工程形状构造、大小尺寸、材料做法等内容的图样。它是表达工程设计意图的工程语言和技术文书,在审定项目、核定投资和指导施工等方面具有重要的作用。施工图是指在施工图设计阶段,直接用于施工的各种专业工程设计图。装饰工程施工图是建筑工程施工图的组成部分,是装饰设计的主要表现形式。在装饰人员的业务交往中,常用装饰工作图的形式来表达装饰内容和施工做法。尽管装饰工作图可用徒手绘草图、工具线条图、绘画效果图等多种形式来表现,但是,各种图样都必须按照一定的规范化格式来绘制,这就是制图标准。只有按照制图标准绘制的图形,才能形成共同的工程语言。因此,识读工程图就必须掌握这些基本的制图规则和标准。

设计者是把构思中的建筑形体与结构构造,用平面图形表示出来;施工者则是把平面图形还原成真实的建筑造型。因此,识图的根本任务在于从平面图形中,认识空间的建筑形体。这就要求识图者必须具备一定的空间思维能力,掌握图示语言,并具有一定的专业知识。

1 工程设计图的表现方法

工程设计图的表现方法,概括起来为三项原理(投影、透视、虚实)、五种符号(线型线规、文字标注、图用符号、材料图例、构配件代码)和六类因式(三视图、轴测图、详图、透视图、明影图、效果图)。

(1)投影原理

物体被光线照射后在平面上形成图像,运用物体与图像之间存在的某些规律,以平面图像表现物体的真实形状,这是投影原理所形成投影图的基本方法,也是工程制图的基本手段。投影原理是识图的基础,本节将另设专题阐述。

（2）**透视原理与透视图**

按照人的视线特征（呈放射状、近大远小）观察物体，在画面（透视平面）上形成的图像，称为透视图（图1.3和图1.4）。根据物体位置、视高和视点数的不同，可以绘出多种透视图。绘图者应选择一个最能真实反映物体形态的视心和视距来画透视图。透视图完全符合人的视感规律，具有较强的空间感和真实感，但某些尺寸不成比例，因此，设计中只宜作为辅助性（感性）图形。

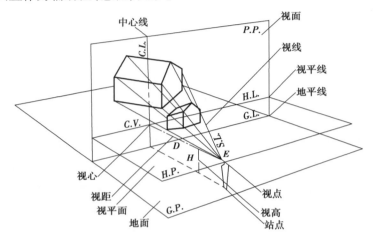

图1.3　透视术语对照图

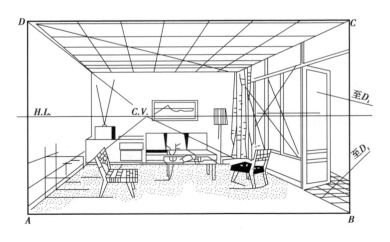

图1.4　室内平行透视图

（3）**虚实原理**

工程图不是照片，也不是绘画。它不仅要表现物体的外形，还要表现物体的内部形体与构造。因此,运用虚实原理画图是常用手法之一。投影图中的实线与虚线、阴影图和效果图上的明与暗等对比画法,可以衬托出物体的内在构造和外形立体感,这些都是运用虚实对比原理画图的表现。

（4）**线型线规**

由不同线型、线规（宽）构成的各种线条是制图的基本符号。常见的线型及用途见表1.2。

表 1.2 常见线型图例表

名　称	线　型	线　宽	一般用途
粗实线	 ——————	b	主要可见轮廓线、构筑物外轮廓线、被剖切处的轮廓线、剖切位置线
中实线	 ——————	$0.5b$	可见轮廓线、建筑物大体块轮廓线、标注尺寸的起止短画
细实线	 ——————	$0.35b$	可见轮廓线、尺寸线、材料图例线、引出线、标高符号线
粗虚线	 — — — —	b	总平面图的地下建构筑物
中虚线	 — — — —	$0.5b$	不可见的轮廓线、拟扩建的建构筑物轮廓线
细虚线	 — — — —	$0.35b$	不可见的轮廓线、图例线
细点画线	 — · — · —	$0.35b$	中心线、对称线、定位轴线
折断线	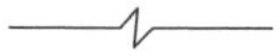 —⌁—	$0.35b$	不需要画全的断开界线
波浪线	 ∼∼∼	$0.35b$	不需要画全的断开界线、构造层次的断开界线

（5）文字标准

在图纸上书写文字（汉字、数字、字母），用以补充表达线条的不足，增添和丰富图形说明、备注的效果，有利于表达设计内容。设计图中的尺寸、标高、编号、代号、名称、标注、说明、索引等，都是用文字来表现的。制图标准上对文字的字体，字号、格式及写法等，都有具体的规定。

（6）图用符号

为了简化设计图中重复表达的内容，在制图中需要借助于各种统一的专用符号，这些专用符号统称图用符号。主要的图用符号有图形比例、尺寸标注、剖切符号、索引符号、详图符号、引出线、对称符号、连接符号。

①比例。指图形尺寸与实物尺寸的比值。如1：100表示实物尺寸是图形尺寸的100倍。比例的选用决定于表达的设计内容，总图用小比尺，详图用大比尺。比例一般应取整数，且应与常用比例尺（三棱尺）一致，以便制图和计算。

②尺寸标注。包括线件尺寸和标高尺寸两种。线性尺寸由尺寸界线、起止符号（斜线或箭头）、尺寸线和尺寸数字组成（图1.5）；标高尺寸一般在三角符号上标注（图1.6）。

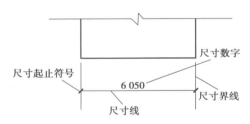

图1.5 尺寸标注

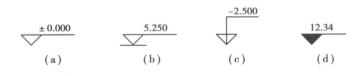

图1.6 标高符号

③剖切符号。制图中剖切后的图形有剖面（全部线条）和截面（可见部分）两种，都是用剖切的位置及剖（截）面编号表示（图1.7），并与绘制的剖面图或截面图相配合。

④详图符号。建筑图上一般用双层同心圆圈表示（图1.8），说明详图编号和位置（与索引配合）。

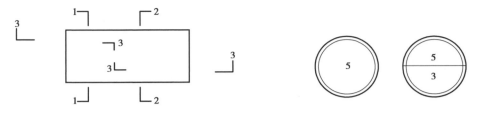

图 1.7　剖面剖切符号　　　　　　　　　　　　图 1.8　详图符号

⑤索引符号。用来表示被索引的位量及其详图编号或图集代号,以便查找。索引符号由索引线、圆圈及标注组成(图 1.9),圆圈内标注的分子为详图编号、分母表不详图所在的位置(图纸编号或标准图页码)。

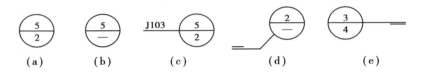

图 1.9　索引符号

⑥引出线。引出来加以说明的细实线。引出线有单线、共同线、多层线等画法(图 1.10),末端标准代码或文字说明,引出线与索引符号相连接时,指明了索引的部位。

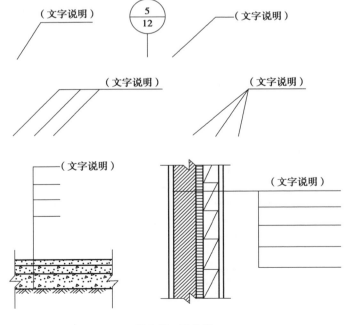

图 1.10　引出线

⑦对称符号。表示图形完全对称的中心界线(图1.11),可省略绘制另一半图形。

⑧连接符号。当图幅或构件很长,必须分段绘图时,可用折断线符号表示省略或折断连接的部位(图1.12)。不在同一位置绘图时,应标注折断位置的代号。

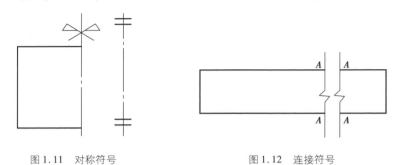

图1.11　对称符号　　　　　　　　　　图1.12　连接符号

(7)材料图例

利用象形图案形象地表示物体的构成材料,以衬托图纸主题,增加图示效果,这是制图中常用的手法(表1.3至表1.5)。

表1.3　常见建筑材料图例

序号	名　称	图　例	序号	名　称	图　例
1	自然土壤		6	方整石,条石	
2	素土夯实		7	毛石	
3	砂、灰土及粉刷材料		8	普通砖、硬质砖	
4	砂砾石及碎砖三合土		9	非承重墙的空心砖	
5	石材		10	瓷砖或类似材料	

序号	名 称	图 例	序号	名 称	图 例
11	混凝土		20	矿渣、炉渣及焦渣	
12	钢筋混凝土		21	多孔材料及耐火砖	
13	加气混凝土		22	菱苦土	
14	加气钢筋混凝土		23	玻璃	
15	毛石混凝土		24	松散保温材料	
16	花纹钢板		25	纤维材料及人造板	
17	金属网		26	防水材料或防潮层	
18	木材		27	金属	
19	胶合板		28	水	▽水平标高

表 1.4　型钢标注方法

名　称	符　号	图形画法	文字代号	注　法
钢板	一		$\dfrac{钢板\,b\times\delta}{L}$	$\dfrac{-50\times6}{L=1\,800}$
等边角钢	∟		$\dfrac{\angle\,b\times\delta}{L}$	$\dfrac{\angle\,50\times5}{L=1\,800}$
不等边角钢	∟		$\dfrac{\angle\,b\times H\times\delta}{L}$	$\dfrac{\angle\,90\times60\times6}{L=1\,800}$
工字钢	Ⅰ		$\dfrac{\text{Ⅰ}H}{L}$	$\dfrac{\text{Ⅰ}100}{L=1\,800}$
槽钢	[		$\dfrac{\text{Ⅰ}H}{L}$	$\dfrac{\text{Ⅰ}100}{L=1\,800}$

表 1.5　钢筋分类表

钢筋种类	符号	受拉钢筋设计强度/$(\mathrm{kg\cdot cm^{-2}})$	钢筋种类	符号	受拉钢筋设计强度/$(\mathrm{kg\cdot cm^{-2}})$
Ⅰ级钢筋（光圈 3 号钢）	φ	2 400	5 号螺纹钢	φ	2 800
Ⅱ级钢筋（20 锰）	⊈	3 400	冷拉Ⅰ级钢筋	ϕ^{L}	2 800
Ⅲ级钢筋	⊈	3 800	冷拔低碳钢丝	ϕ^{b}	4 800 ~ 6 000
Ⅳ级钢筋	⊈	5 500	刻痕钢丝	ϕ^{h}	10 400 ~ 15 200
Ⅴ级钢筋	⊈′	12 000			

(8) 构配件代号与图例

建筑工程小的结构构件和建筑配件,在工程图中常用代号标注和图例表示,以省略汉字说明。这些构件代码是以汉语拼音字母为基础编制的(表1.6),字母后面加上数字便成为设计构件的具体编号。各种建筑构件、配件的图例,一般以形象示意,画法较多,且有一定的专业使用图例(表1.7至表1.8)。

表1.6　常用构件代号

序号	名　称	代　号	序号	名　称	代　号
1	板	B	20	楼梯梁	TL
2	屋面板	WB	21	檩条	LT
3	空心板	KB	22	屋架	WJ
4	槽形板	CB	23	托架	TJ
5	折板	ZB	24	天窗架	CJ
6	密肋板	MB	25	刚架	GJ
7	楼梯板	TB	26	框架	KJ
8	盖板或沟盖板	GB	27	支架	ZJ
9	檐口板	YB	28	柱	Z
10	吊车安全走道板	DB	29	基础	J
11	墙板	QB	30	设备基础	SJ
12	天沟板	TGB	31	桩	ZH
13	梁	L	32	桩间支撑	ZC
14	屋面板梁	WL	33	垂直支撑	CC
15	吊车板梁	DL	34	水平支撑	SC
16	圆板梁	QL	35	梯	T
17	过板梁	GL	36	雨篷	YP
18	联系板梁	LL	37	阳台	YT
19	基础板梁	JL	38	预埋件	M

表 1.7　总平面图图例

序号	名　称	图　例	说　明
1	新设计的建筑物	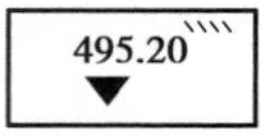 495.20 ▼	1. 右上角的点数表示层数 2. 图中为室内地坪的绝对标高
2	原有的建筑物	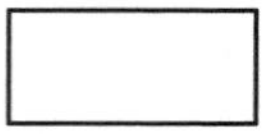	在设计中拟利用者,均应编号说明
3	计划扩建的预留地或建筑物		用细虚线表示
4	拆除的建筑物	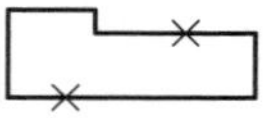	
5	建筑物下面通道	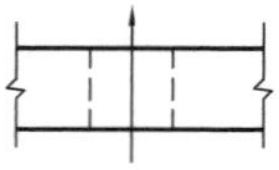	
6	围墙	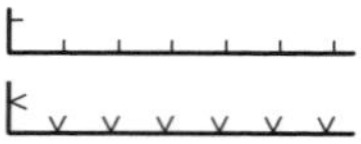	上图为砖石、混凝土及金属材料围墙 下图表示镀锌铁丝网、篱笆等围墙
7	房屋的坐标	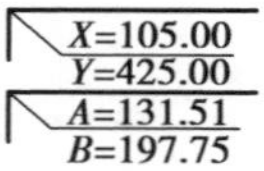 X=105.00 Y=425.00 A=131.51 B=197.75	上图表示测量坐标 下图表示建筑坐标
8	护坡	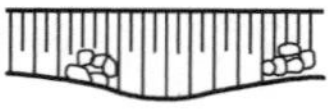	边坡较长时,可在一端或两端局部表示
9	原有的道路	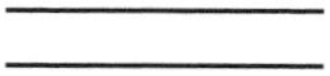	
10	计划的道路		
11	桥梁	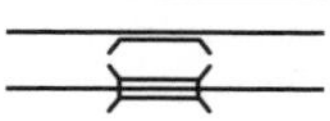	上图表示公路桥 下图表示铁路桥
12	挡土墙		被挡土在"突出"的一侧

表 1.8　平面图图例

序号	名　称	图　例	说　明
1	墙上预留洞	宽×高 或 直径 ▽底2.500　中高2.500	1."底 2.500"表示洞底标高或槽底标高 2."中高 2.500"表示圆洞
2	高窗	窗底　h=2.000	
3	土墙		包括土筑墙、土坯墙、三合土墙等
4	板条箱		包括钢丝网墙、苇箔墙等
5	长坡道	下 →	在比例较大的图面中坡道上面有防滑措施时可按实际形状用细线表示
6	入口坡道	↓	
7	底层楼梯	上	楼梯的形状及步数应按设计的实际情况绘制
8	中间层楼梯	下 上	

序号	名　称	图　例	说　明
9	顶层楼梯	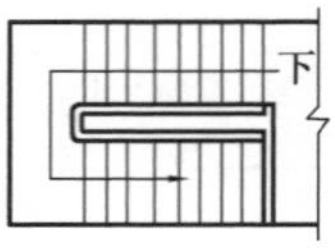	楼梯的形状及步数应按设计的实际情况绘制
10	检查孔（上人孔）		左图表示地面检查孔 右图表示吊顶检查孔
11	厕所间	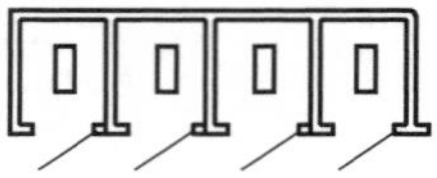	1. 在比例较小的图画中隔断可用单线表示 2. 卫生用具及门的开关方向按设计绘制
12	孔洞	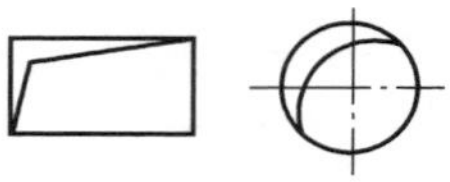	左图表示长方形 右图表示圆形
13	坑槽	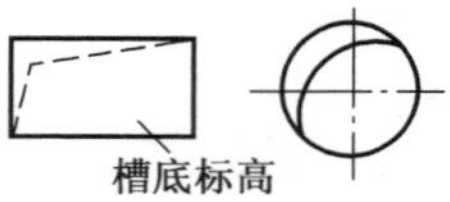 槽底标高	
14	烟道		左图表示长方形 右图表示圆形
15	通风道	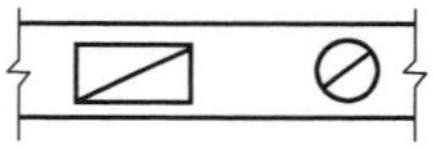	

表 1.9 常见室内图例表

（本表图例均用于平面图）

名 称	图 例	名 称	图 例
双人床		沙发	
单人床		凳椅	
桌		灶	
钢琴		开关	明装　　暗装
地毯		插座	
花盆		电线	
吊柜		地板出线口	
浴盆		配电盘	
坐便		电话	
蹲便		电视	
盥洗盆		电风扇	
淋浴器		吊灯	
地漏		壁灯	
空调器	ACU	洗衣机	

注:特殊家具根据实际情况绘制其外轮廓线。

(9) 三视图

三视图是指从平面、立面、侧面三个方向（俯视、正视、侧视）观察同一物体所形成的相互有关系的三个平面视图（图1.13）。三视图是投影图的结论性重点内容，是建立空间概念、认识物体真实形态的基础。一般地讲，三个视图就能控制着同一物体的全貌。建筑工程设计图中的平面图、立面图、剖面图等，均属于三视图的画法。

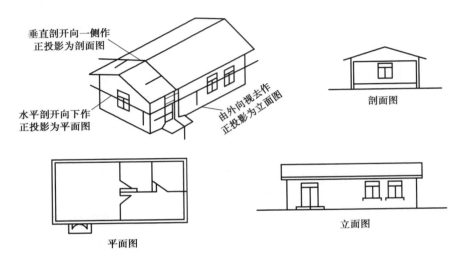

图1.13 三视图

(10) 详图

详图是三视图的局部补充、放大的图形。详图是对总图的进一步补充和说明，要求图形、数据、文字等详细、准确，并突出所表现的主题。土建详图一般有局部放大图、构配件大样图、节点详图等多种。常用的定型做法可编制"标准图案"。

(11) 轴测图

一般平面图只表示一个面和两个轴的相互尺寸和形状，而轴测图是同时显示三个面和三根轴的平行投影图形。当正投影的物体平面与投影线不垂直（或不平行），或者采用平行投影线不垂直于投影面的斜投影时，均可产生轴测投影图（图1.14）。为了准确表现物体的形态，可利用空间三条轴线在制图平面上的相互夹角不同，选择合理的形式来画图。因此，轴测图有正等轴测（三轴夹角均为120°）、正二等轴测（夹角为105°，135°，120°）、斜二等轴测（夹角为90°，135°，135°）等多种形式。轴测图的立体效果是明显的,二轴方向的尺寸可与设计尺寸相对应、全貌性表现力较强,而且可用工具制图(平行线性移法),比绘制透视图便捷。因此,广泛用于绘制建筑鸟瞰图、三视图补充(图 1.15)、剖切空间图等。

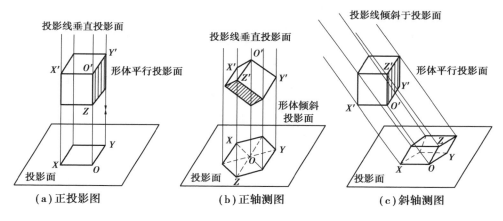

图 1.14　轴测图的形成

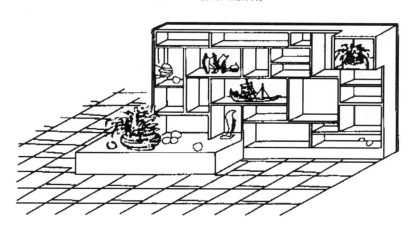

图 1.15　装饰件轴测图

(12)阴影图

物体受到一定方向的光线照射后,出现光影效果而形成阴影(图 1.16),以此虚实对比原理来表现物体的空间立体感,并显示其艺术感染力。这种带有阴影的图样,称为阴影图。它是效果图的表现手法之一,在轴测图、透视图中起衬托作用。因此,阴影图是装饰、装潢工程设计图的常用画法。由于配置原图的形式不同,阴影图有立体阴影、平面阴影、透视阴影等多种形式。

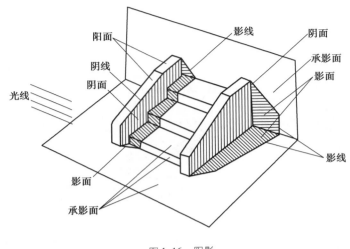

图 1.16 阴影

（13）**效果图**

效果图也称表现图,是指运用绘画的艺术要素(形象、视觉、光影、色彩、气氛、材质等),形象地表现建筑形体及空间的图形语言。它是一种集轴测图、透视图、阴影图、色彩图、构造图、家具图等为一体的综合性艺术表现形式,也是一种对建筑物建成后效果描绘的感性图形。效果图有水粉、水彩、素描、图案等多种基本形式。效果图在装饰设计中运用较多,其目的在于选择一个满足用户要求的理想化的装饰效果。因此,效果图在设计方案选择、表现装饰效果等方面具有不可低估的作用。

上述种种制图规定和表现方法,只是概念性的理论介绍,可对识读工程图提供帮助。而具体的制图方法,需参阅有关专著或进行实际应用才能掌握。

2 投影图的基本概念

物体被光线照射后,在平面上形成影像,这种现象称为投影。形成投影必须具备的五个要素:光源、投影线、物体、投影面和投影图。按照光线、投影线及形成图像的不同,投影分为中心投影(图 1.17)和平行投影(图 1.18),而平行投影又可分为正投影和轴测投影(图 1.19)。中心投影的投影线为放射形,集中交汇于投影中心(光源);而平行投影的投影线相互平行。正投影是指平行的投影线垂直于投影面;而轴测投影是指平行的投影线不垂直于投影面。

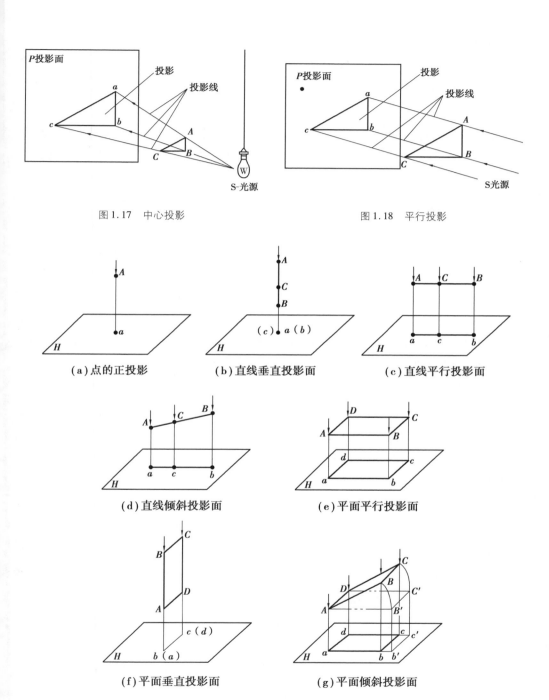

图 1.17　中心投影

图 1.18　平行投影

（a）点的正投影

（b）直线垂直投影面

（c）直线平行投影面

（d）直线倾斜投影面

（e）平面平行投影面

（f）平面垂直投影面

（g）平面倾斜投影面

图 1.19　正投影性质

由于正投影图能真实地反映物体的形态和大小，经过适当充实(引入规则)后，不仅能表现物体的形体轮廓和表面形态，还可表现物体的内部构造。因此，运用投影原理和绘制正投影图是工程制图的基本手法。识该工程图必须掌握投影图的基本原理及其表现手法。

掌握这些特性是识图的基础，应利用实物进行比划和思考，以加深理解。工程制图在于尽量利用反映实际大小和形状的投影条件，以完美真切地表现物体的本来面貌。

任何一个物体都具有长、宽、高三个方向的尺度，这就是立体形的"三向度"。由于长、宽、高的三个方向是相互垂直的，而任何一个正投影的平面图形只能反映两个方向的尺度，因此，至少要有两个方向相互垂直的平面所形成的三个投影图，才能完整地表现物体的形状和大小[图1.20(a)]。这种三个相互垂直的投影面及其投影关系，在制图学上称为"三面投影体系"。

在一张图纸上，要同时绘制三个不同方向的投影图，就必须使投影面展开[图1.20(b)]，形成相互有联系的三面投影图[图1.20(c)]。即正面投影图(V面)、水平面投影图(H面)、侧面投影图(W面)。

三面投影图在表现同一物体时，相互之间具有以下四种规律性的关系：

①位置关系。正面投影图在上，水平面投影图在正面投影图下方(对齐)，侧面投影图在正面投影图的侧向[图1.20(c)]。

②三等关系。指的是高平齐、长对正、宽相等[图1.20(c)]。每个投影图上所表示的两项尺度，在三个投影图上必须一致。

③方向关系。每个投影图上只表示两个方向，正面投影图表示长和高，水平投影图表示长和宽，侧面投影图表示高和宽。

④增减关系。由于物体形态的复杂性和对应面的非一致性，仅用3个投影图来表现往往不足，故常需增加投影视图。而有些简单的形体(如圆柱、圆锥等)只要两个投影图就能表现，所以，投影图的数目在工程图上，可以按照形体特点进行增加或减少。

绘制两面投影图必须熟练掌握上述四种关系，并能灵活运用。在工程识图中也必须掌握这些原理，方可从平面图形及其关系中形成立体造型。因此，除了学习一些专著外，还要多做绘制三面投影图的练习(利用模型实物画投影图或利用轴测图绘制三面投影图)。图1.21和图1.22为三面正投影图的举例。

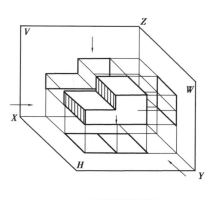

（a）三面投影直观图

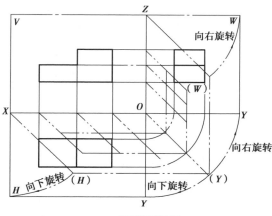

（b）三面投影展开

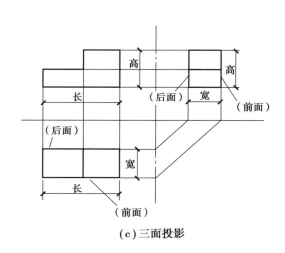

（c）三面投影

图 1.20

　　工程制图主要是根据三面投影图原理,运用二向视图来表现建筑物、构筑物及其构配件的形体,这就是平面图、立面图和侧面图。为了深入反映其内部形态与构造,也是采用内外结合的"三视图"来表示的,这就是建筑上的平面图、立面图和剖面图。工程详图也是按照投影原理(放大比例)绘制的。由此可见,掌握投影原理及作图方法,对建筑识图是十分重要的。

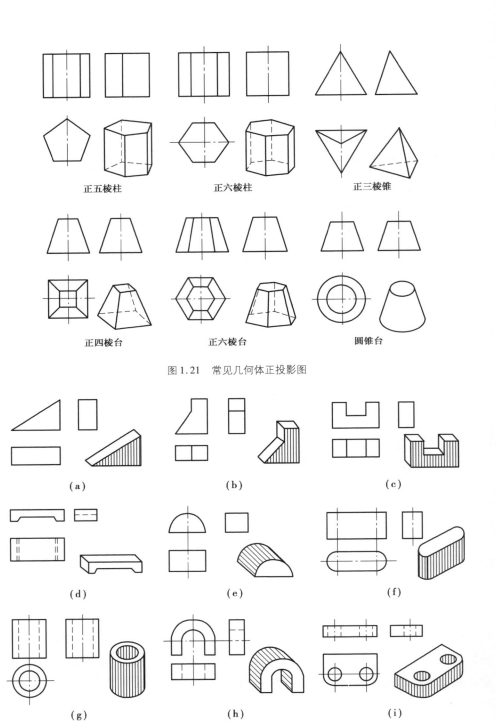

正五棱柱　　　　　　　正六棱柱　　　　　　　正三棱锥

正四棱台　　　　　　　正六棱台　　　　　　　圆锥台

图 1.21　常见几何体正投影图

（a）　　　　　　　　　（b）　　　　　　　　　（c）

（d）　　　　　　　　　（e）　　　　　　　　　（f）

（g）　　　　　　　　　（h）　　　　　　　　　（i）

图 1.22　三面正投影图

3 土建施工图的识读

要看懂装饰、装潢工程施工图,首先必须能看懂土建工程施工图,还必须掌握一定的安装工程施工图的基本知识。

土建工程设计由建筑和结构两个专业共同完成。作为设计成果的土建工程施工图,一般由总平面图、建筑施工图、结构施工图和通用标准图四个部分组成。

(1) 总平面图

总平面图是指表示拟建工程在建筑场地上的平面位置和周围环境的平面关系的总图。在控制建设工程定位、定向、定高的"三定"前提下,应包括工程平面、地形地貌、周围环境、附属工程等方面的内容(图1.23),具体应画出定位尺寸(或坐标)、风玫瑰图、地面标高、管线道路、围墙绿化、拟建和原有建筑等内容。总平面图是规划设计、建筑"二定"、施工组织的重要依据。常用比例为1:500或1:1 000。

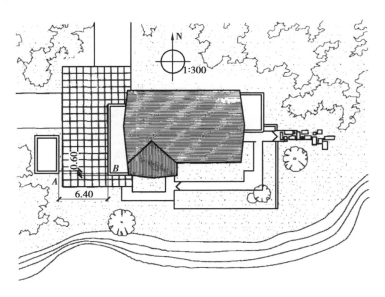

图1.23 总平面图

(2) 建筑施工图

建筑施工图是指在满足适用、经济、美观的设计原则下,表示拟建工程建筑造型、配件组成、装饰标准、施工做法等内容的成套设计图。建筑图以表现造型艺术和空间利用为主要目标。建筑施工图一般由施工说明、平面图、立面图、剖面图和建筑详图组成。

①建筑平面图。指表示建筑物各层平面形状、尺寸及配件组成的水平投影图形。房屋建筑中有底层平面图(图1.24)、楼层平面图(图1.25)和屋面平面图(图1.26)3种。底层或楼层平面图实质上是距地(楼)面1.5 m左右的水平剖切投影图,包括定位轴线、房间组合、建筑构配件(墙、柱、门宙、雨篷、阳台、楼梯、台阶等)、室内外设施、装饰做法、剖面位置、详图索引、门窗等内容(图1.24和图1.25)。屋面平面图是屋顶平面外形的俯视投影图,包括轴线关系、屋面排水、屋面坡度及构造做法等内容(图1.26)。

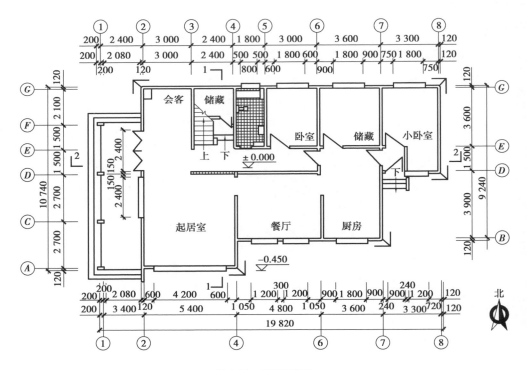

图1.24 底层平面图

②建筑立面图。指表示建筑物垂直于地面的4个方向外表形体的直立投影图。房屋建筑中有正立面、背立面、左侧立面和右侧立面4种形式。立面图的主要任务是表现建筑造型,因此,它包括外貌形体、尺寸与标高、外部配件、表面装饰、详图索引等内容(图1.27至图1.29)。

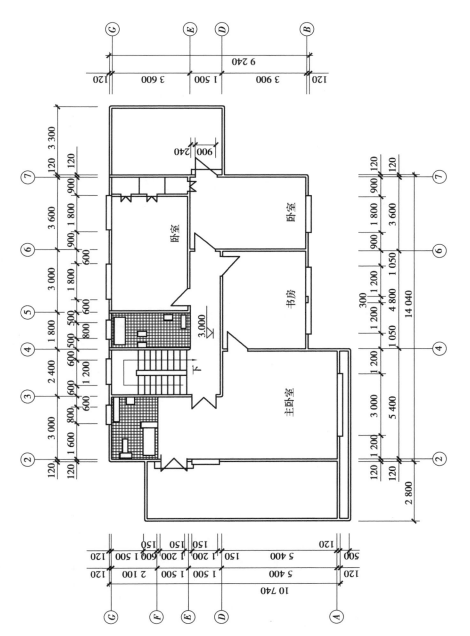

图1.25 楼层平面图

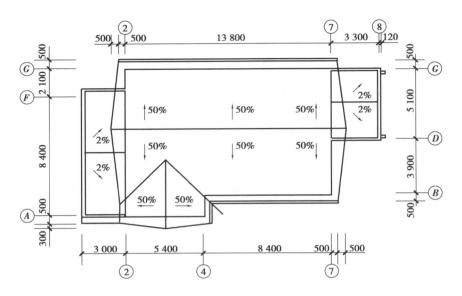

图 1.26　屋顶平面图

图 1.27　立面图

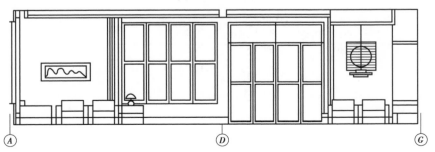

图 1.28　起居室室内立面图

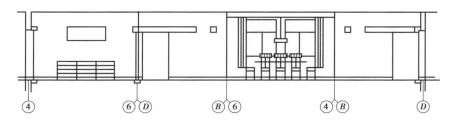

图 1.29　餐厅室内立面展开图

③剖面图。用一个假想的平面沿建筑物垂直方向剖切开,移去部分形体,这种剖切开后留下形体的立面投影图称为剖面图。剖面图主要用于表示建筑物内部构造、构配件组成及其关系,还表明相对标高和控制尺度。房屋建筑中有横剖面(图 1.30)、纵剖面(图 1.31)、墙身剖面(图 1.32)、基础剖面、局部剖面等多种形式。剖面图应包括构配件组成关系、尺寸与材料、各种控制高度、内装修标准、详图索引等内容。

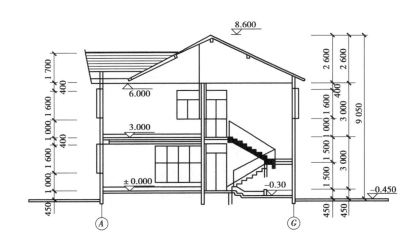

图 1.30　横剖面图

④建筑详图。为清楚地表示建筑图中的局部尺寸和构配件做法,而放大比例绘制的细部图样,称为建筑详图。如楼梯(图 1.33)、节点构造(图 1.34)、雨篷、阳台、遮阳板、栏杆、栏板、变形缝、泛水、吊顶、吊柜、壁塞、隔断、门窗、挑沿、落水、灯具(图 1.35)、踏步、斜坡、明沟、散水、水池、浴厕等的尺寸与材料做法,都可用建筑详图表示。

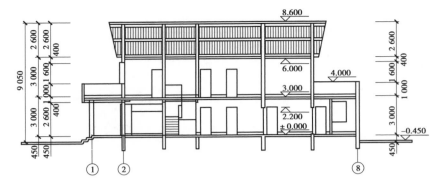

图 1.31 纵剖面图

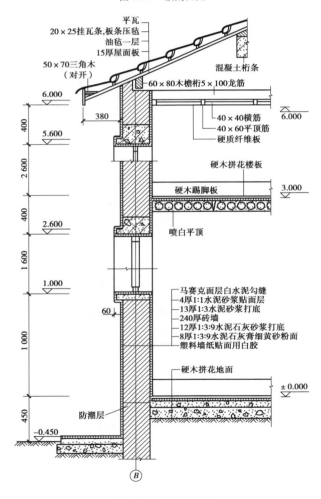

图 1.32 外墙剖面详图

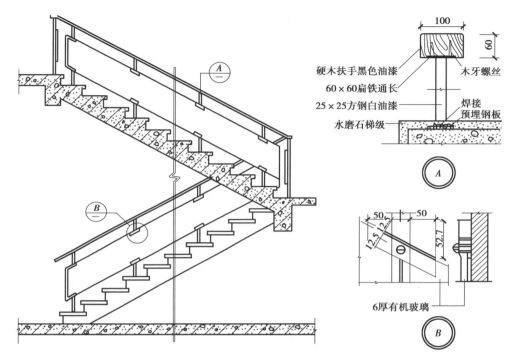

图 1.33　楼梯构造剖面详图

　　⑤建筑设计说明(施工说明)。指建筑图纸上集中的文字条目。主要是对设计依据、建筑定位、建筑标高、材料做法、标准图集等内容进行系统的说明。

(3)结构施工图

　　结构施工图是表示建筑物承重体系构造做法的设计图。结构设计的首要任务是配合建筑设计的构思,采用各种结构构件和构造措施,保证建筑物的安全。因此,各种构件的尺寸、构造及其组合,是结构设计的主要内容。结构施工图由设计(施工)说明、基础设计图、结构平面图和结构详图四个部分组成。

　　①设计说明。指有关设计依据、主要材料、质量要求、施工做法、引用图案等的文字说明。一般按基础结构、上部结构两部分分开编写。

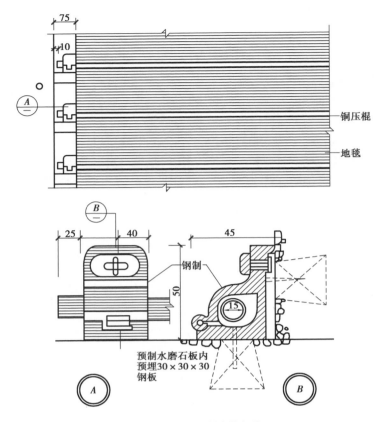

图 1.34　楼梯踏步板端节点详图

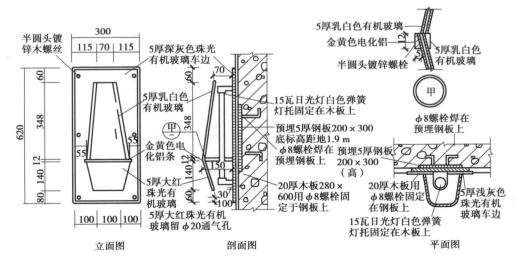

图 1.35　壁灯详图

②基础设计图。指建筑物相对标高 ±0.000（室内地面）以下的基础构造图。它由基础平面图、基础剖面图及文字说明等组成。基础平面图应表明基础形式、轴线分段、结构尺寸、剖面位置、预留扎洞等内容。剖面图主要标明层次高度、断面大小、材料做法、配筋图等。而文字说明主要包括标高关系、承载能力、施工要求等内容。基础剖面图相当于基础平面图的索引详图。

③结构平面图。表示楼层、屋盖等主体结构和构件构造的平面布置施工图，称为结构平面图。它有屋盖结构平面图、楼层结构平面图、梁柱系统平面图等多种。结构平面图应包括结构形式、梁柱系统、轴线控制、构件代号与位置、结构标高、板面配筋、预埋件、详图索引等内容。

④结构详图（大样图）。指表示建筑构件及其节点构造的详细大样施工图。它可以是独立建筑构件的加工详图，也可以是结构平面图的局部放大（细部构造）。常见的结构详图有钢筋混凝土结构的配筋图、钢结构或木结构的加工图、预埋件构造图、构件节点大样图等。

（4）通用标准图

为加快设计进度，减少重复设计与绘图，将常见的通用建筑配件和结构构件，设计成标准形式，供设计和施工中直接套用，以满足"一图多用、提高效率"的要求。这种标准建筑配件、建筑构件的定型设计图（通用图集），称为通用标准图。按制订和使用范围的不同，有"国标""省标""院标"之分；按专业划分，标准图案的形式及编号种类很多，自成系列，土建工程中建筑配件以"1"编号、建筑构件以"G"编号。例如，江苏省现行的"苏 J73-2"为木门窗图集、"苏 J9501"为施工说明集（各种定型施工做法）、"苏 G8007"为预应力混凝土多孔板图集等。各种标准图集一般包括设计说明（代号、依据、要求、选则、指标等）和设计图（外形、尺寸、配筋、构造、节点、材料等）两部分内容。

上述四个部分土建施工图的内容，可结合实际工程的成套图纸，分类阅读，加深理解。

土建施工图的识读，可按以下步骤进行：

①首先拉"图纸目录"核对图纸编号与数目，查出涉及的图纸内容。

②仔细阅读设计说明，了解设计意图和施工要求。

③将总图至各部分设计图粗阅一遍,掌握概况。

④细阅总平面图与建筑设计图,重点了解工程的"三定"、各种建筑配件的尺寸控制与组合、装饰做法等内容,要一一对照并作出标记,分析各部分的构造与联系。

⑤细读结构设计图,重点了解各种建筑构件的尺寸、构造、材料及其组合,先看基础再看上部结构,分析构件与配件的连接,找出相应图集及其运用关系。

识读土建工程施工图,可以比作实地参观某一"建成"的建筑工程。先找位置(总平面图),看工程面样(造型、外装饰),再找出、入通道,进入房间内看布局及内装饰,最后从下至上了解结构构造(结构图)。识图者要带着疑问身临其境、先简后难、先外后内、先表后里,要反复、多次、逐层深入。

图1.23至图1.37是某两层高级别墅楼的部分设计图,可结合上述内容仔细阅读其土建部分(结构设计图不全)施工图。

熟悉和识读土建工程施工图,是装饰工程识图的基础,也是预算编制人员的基本功。在各种预算编制中,工程量是计算费用的基础,而识图是准确计算工程量的基础。因此,识图是预算编制的基础。

识图过程中应注意以下几点:

①必须熟悉有关专业的设计图例、符号、标注及画法。

②要有一定的有关专业的构造与施工方面的基本知识。

③要具备投影制图知识,有空间思维能力,能形成立体概念。

④要掌握比例尺的应用方法和各种标高的含义。

⑤建筑识图中要做到"三个对照",即建筑图与结构图对照、总图与详图对照、平面图与立面剖面图对照。只有对照识图,才能形成整体概念。

⑥预算识图的目的,在于计算工程量和分项套价,与现场指导施工不同。因此,识图中除整体概念外,要重点弄清构件与配件,掌握各种尺寸,装饰工程中主要是施工做法与尺寸分界。

⑦识图应开动脑筋,善于发现图中错误(矛盾),要善于动手在图纸上用铅笔做标记(识图箭、引出线),要善于在尺寸上做必要的准确的换算。

做到以上几点,就能较快地掌握设计图的规律。结合实际工作,利用具体的工程图纸多做识读练习,是掌握识图方法的根本途径。

4 装饰工程施工图的识读

装饰(潢)工程施工图由投影图和辅助图两部分组成。

投影图是基本设计图,包括总平面图、平面图、立面图、剖面图和构造详图等内容。这种图的基本画法与土建设计图是相同的,但应按照装饰工程需要而增加若干图纸内容。在装饰投影图中一般增加的施工图有镜像图(天棚)、立面展开图和装饰构造详图三种。

这里主要介绍镜像图,镜像图是指假想在地(楼)面上铺设一面镜子,所反射的天棚做法的水平投影图(图1.36)。镜像图是在镜内形成的天棚图像,其轴线位置与建筑平面图一致。

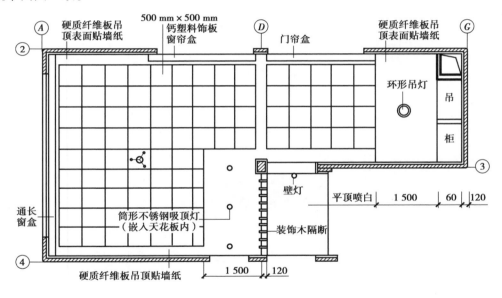

图1.36 顶棚平面图(镜像)

装饰施工图的识读方法与土建图是相同的,而且是在看懂土建图的基础上进行的。按照装饰图的特性,识图中应注意以下几点:

①根据装饰工程需要,图纸中室外的部分环境因素较多,室内部分画有家具摆放位置(图1.37),这些都是装饰内容,不可忽视。

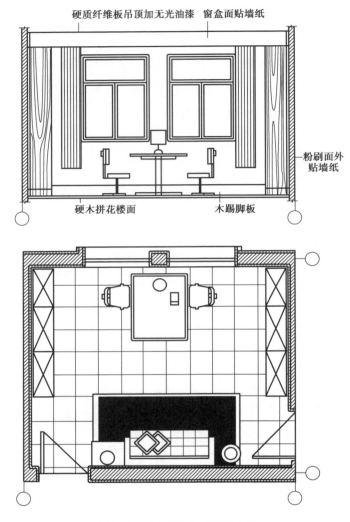

硬质纤维板吊顶加无光油漆　窗盒面贴墙纸

粉刷面外贴墙纸

硬木拼花楼面　　　　　木踢脚板

图 1.37　书房室内平、立面放大图

②装饰工程施工图也常用一些形象化的图例,识图过程中要注意核对。

③投影图与辅助图对照阅读,可以帮助理解。

④装饰图中往往有较多的设计(施工)说明内容,识图时要仔细研究,明确具体做法和要求。

⑤具备装饰、装潢工程设计与施工的基本知识、主要装饰材料性能与用法的常识、投影作图概念等,仍然是建筑装饰识图的必要条件。

⑥建筑装饰工程中,不可避免地含有部分水电安装、园林工艺等内容(如装饰灯具、管线、喷泉、园林小品、绿化等)。作为预算人员要拓宽知识面,方可完整地编制装饰工程预算。

5 园林工程施工图的识读

各种类型的园林,其内容不同,完成设计所需图纸的数量也不相同。虽然园林工程图的种类较多,但基本的有以下几种:

①园林总体规划设计图,包括总平面图、立面图、剖面图和详图等。

②地形设计图,包括园桥工程施工图、园路工程施工图、土方工程施工图等。

③种植设计图,包括城市道路、广场、园林、庭院绿化等种植工程施工图等。

④园林建筑施工图,包括各种园林建筑、小品的平面图、立面图、剖面图和详图等。

本节主要以小型公园为例,讲述园林总体规划设计图、园桥工程施工图、种植工程施工图的识读。

(1)园林总体规划设计图

①总平面图。

园林总体规划设计图简称为总平面图。游园(图1.38)总平面图反映了游园各组成部分的平面关系,主要包括景区景点的设置、出入口的位置、主要拟建建筑物的位置、假山石以及其他构筑物的风格、造型、规模、位置等,图中一般不画树,只画现状树。绘图常用比例通常为(1∶500)~(1∶2 000)。

读图要点:

a.细实线表示现状地形(坐标网格)及主要地上物,如原有的建筑物、构筑物、道路、桥涵、围墙等。红钢笔描绘综合管线图。

b.中粗实线表示新建道路、活动场地和水池等构筑物。粗实线表示新建园林建筑和其他园林设施。

c.对景、借景等风景透视线用虚线表示。

d.图中一般还有新设计道路、广场、建筑和其他园林设施的外形尺寸。总平面图中的尺寸单位为"米"。

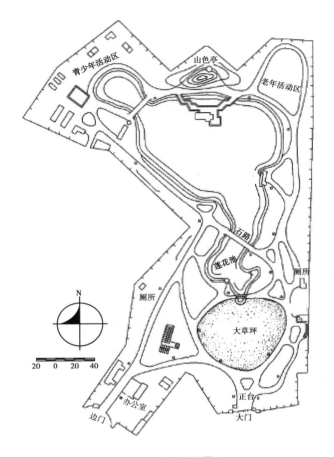

图 1.38 公园总平面图

②竖向设计图。

竖向设计（即地形设计)图主要表达竖向设计所确定的各种造园要素的坡度和各点高程,如各景点、景片的主要控制标高;主要建筑群的室内控制标高;室外地坪、水体、山石、道路、桥涵、各出入口和地表的现状和设计高程。竖向设计图是填挖土方的主要技术文件,主要是一张地形图,有时还画出地形剖面图(图 1.39)。必要时还有土方调配图,包括平面图与剖面图。

读图要点：

a.细实线表示设计等高线,并标注有设计高程,原高程用括号括起。园林建筑和园林设施所在位置的标高用标高符号表明。整平地面标高用黑色三角形符号表明,例如▼43.00。

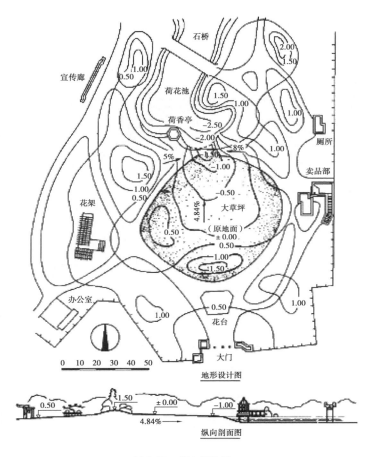

石桥
2.00
1.50
宣传廊
−1.00
0.50
荷花池
1.50
1.00
荷香亭
−2.50
1.00
−2.00
厕所
−8%
1.00
5%
−1.50
卖品部
−1.00
1.50
1.00
0.50
花架
−0.50
4.84%
大草坪
（原地面）
±0.00
0.50
0.50
0.50
1.00
−1.50
办公室
0.50
1.00
1.00
花台
大门

0　10　20　30　40　50

地形设计图

0.50
1.50
±0.00
−1.00

4.84%

纵向剖面图

图 1.39　竖向设计图

b. 地面排水方向用单面箭头表示，并注明有雨水口位及标高。

c. 示坡线或单面箭头表示坡度方向，并注明有坡度。

d. 剖面图主要表示各重点部位的标高及做法要求。比例可选取（1∶20）~（1∶50）。

（2）园桥工程施工图

有水有路必有桥，园桥的造型丰富多彩，造型还应充分考虑其功能和环境。大水面可采用多孔长桥，小水面有贴近水面的平桥、曲桥，有便于游船通行的拱桥，还有用于控制水位高度的闸桥等。本节主要介绍拱桥工程图。园林中常见的拱桥有钢筋混凝土拱桥、石拱桥、双曲拱桥等，其中石拱桥是一种非常坚固而耐久的桥梁结构，具有刚性好、造型美观的优点。

①石拱桥的一般构造

石拱桥可以修筑成单孔或多孔。图1.40所示为单孔石拱桥的一般构造图。

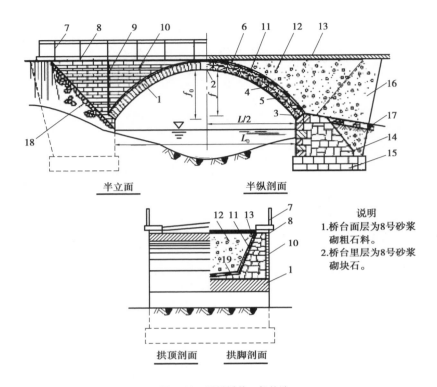

半立面   半纵剖面

拱顶剖面   拱脚剖面

说明
1.桥台面层为8号砂浆砌粗石料。
2.桥台里层为8号砂浆砌块石。

图1.40　石拱桥的一般构造

1—拱圈;2—拱顶;3—拱脚;4—拱轴线;5—拱腹;6—拱背;7—栏杆;8—檐石;
9—伸缩缝;10—具有镶面的侧墙;11—防水层;12—拱腹填料;13—桥面铺装;
14—桥台台身;15—桥台基础;16—桥台翼墙;17—盲沟;18—护坡;19—防水层

单孔拱桥主要由拱圈、拱上构造和两个桥台组成。拱圈是拱桥主要的承重结构。拱圈以上的构造部分叫作拱上构造,由侧墙、护拱、拱腔填料、排水设施、桥面、檐石、人行道、栏杆、伸缩缝等结构组成。当跨径较大（一般在20 m以上）时,可做成空心腹式的拱上构造(图1.41)。

桥台和桥墩同是拱桥的下部结构,其中桥台一方面支承拱圈和拱上构造,将上部结构的荷重传至地基;另一方面还承受桥头路堤填土的水平推力。拱桥的桥台以U形为多见(图1.42)。为保护桥台和桥头路基免受水流冲刷,在桥台两侧还设置锥形护坡。桥墩是修筑于河道中间支承拱圈和上部建筑的结构,常见重力式桥墩由基础、墩身和墩帽组成。

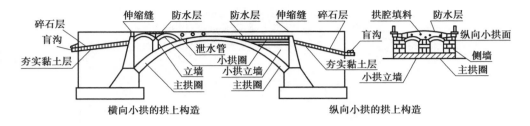

图 1.41　空腹式的拱上构造

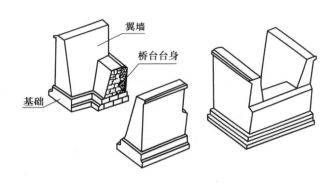

图 1.42　U 形桥立体图

②拱桥工程图的表示方法

a. 总体布置图　图 1.43 是一座单孔实腹式钢筋混凝土和块石结构的拱桥总体布置图。立面图采用半剖,表达拱桥的外形、内部构造、材料要求和主要尺寸。立面图的主要尺寸有:净跨径 5 000 mm、净矢高 1 700 mm、拱圈半径 2 700 mm、桥顶标高、地面标高和基底标高、设计水位等。平面图一半表达外形,一半采用分层局部剖表达桥面各层构造。平面图还表达了栏杆的布置和檐石的表面装修要求。平面图的主要尺寸有:桥面宽 3 300 mm、桥身宽 4 000 mm、基底宽 4 500 mm、侧墙基和栏板的宽相等。

b. 构件详图　图 1.44,桥台详图表达桥台各部分的详细构造和尺寸、台帽配筋情况。横断面图表达拱圈和拱上结构的详细构造和尺寸以及拱圈和檐石望柱的配筋情况。在拱桥工程图中,栏杆望柱、抱鼓石、桥心石等有大样图表达它们的样式。

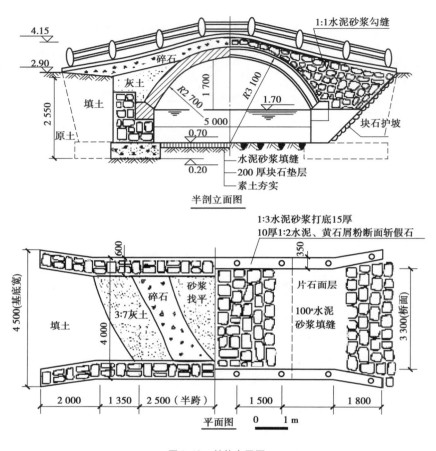

图 1.43 总体布置图

③园路工程施工图

园路工程图主要包括:园路路线平面图、路线纵断面图、路基横断面图、铺装详图和园路透视效果图,用来说明园路的游览方向和平面位置、线型状况以及沿线的地形和地物、纵断面标高和坡度、路基的宽度和边坡、路面结构、铺装图案、路线上的附属构筑物如桥梁、涵洞、挡土墙的位置等。由于园路的竖向高差和路线的弯曲变化都与地面起伏密切相关,因此,园路工程图的图示方法与一般工程图样不完全相同。

a. 路线平面图

路线平面由直线段和曲线段(平曲线)组成,图 1.45 是道路平面图图例画法,R9 表示转弯半径 9 m,150.00 为路面中心标高,纵向坡度 6%,变坡点间距 101.00JD2 是交角点编号。

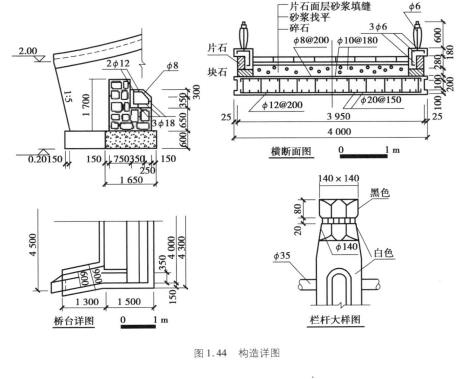

图 1.44 构造详图

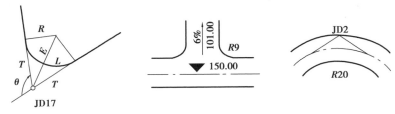

图 1.45 道路图例

　　图 1.46 是用单线画出的路线平面图。符号 ♀ 代表里程桩,通过里程桩,可以清楚地看出路线总长和各段长。沿前进方向右侧注写的是百米桩。路线转弯处注写的是转折符号,即交角点编号,例如 JD17 表示第 17 号交角点。沿线每隔一定距离设水准点,BM.3 表示 3 号水准点,73.837 是 3 号水准点高程。

　　图纸上还画有路线平曲线表,按交角点编号表列平曲线要素,包括交角点里程桩、转折角 α(按前进方向右转或左转)、曲线半径 R、切线长 T、曲线长 L、外距 E(交角点到曲线中心距离)。

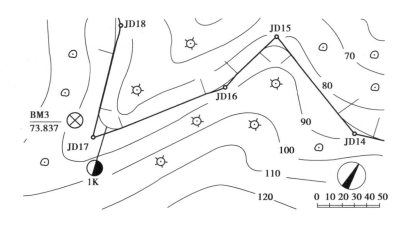

图 1.46　路线平面图

如路线狭长,路线平面图还会分段绘制(图 1.47)。

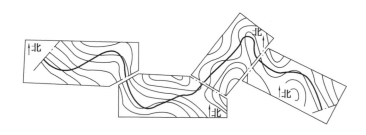

图 1.47　路线图拼接

b. 路线纵断面图

路线纵断面图用于表示路线中心地面起伏状况。纵断面图是用铅垂剖切面沿着道路的中心线进行剖切,然后将剖切面展开成一立面,纵断面的横向长度就是路线的长度。园路立面由直线和竖曲线（凸形竖曲线和凹形竖曲线）组成。

由于路线的横向长度和纵向高度之比相差很大,故路线纵断面图通常采用两种比例。例如长度采用 1∶2 000,高度采用 1∶200,相差 10 倍。

路线纵断面图用粗实线表示顺路线方向的设计坡度线,简称设计线。地面线用细实线绘制。

设计线的坡度变更处,当两相邻纵坡坡度之差超过规定数值时,变坡处需设置一段圆弧竖曲线来连接两相邻纵坡(图 1.48)。

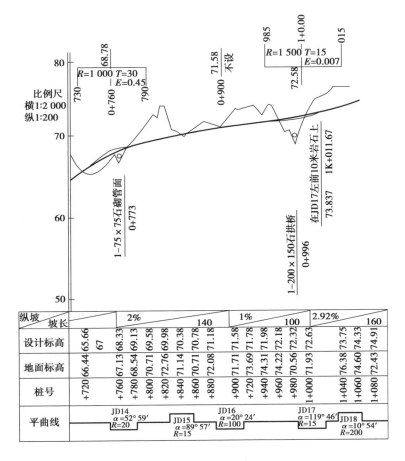

图 1.48　路线纵断面图

c.路基横断面图

路基横断面图是用垂直于设计路线的剖切面进行剖切所得到的图形,作为计算土石方和路基施工依据(图 1.49)。

d.铺装详图

铺装详图用于表达园路面层的结构和铺装图案(图 1.50)。图示用平面图表示路面装饰性图案,路面结构用断面图表达。路面结构一般包括面层、结合层、基层、路基等,见图 1.50(b)断面图。当路面纵坡坡度超过 12°时,在不通车的游步道上应设台阶,台阶高度一般 120 ~ 170 mm,踏步宽 300 ~ 380 mm,每 8 ~ 10 级设一平台段,见图1.50(c)断面图表达台阶的结构。

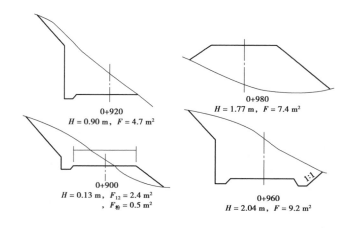

0+920
$H = 0.90$ m, $F = 4.7$ m²

0+980
$H = 1.77$ m, $F = 7.4$ m²

0+900
$H = 0.13$ m, $F_{12} = 2.4$ m²
, $F_{挖} = 0.5$ m²

0+960
$H = 2.04$ m, $F = 9.2$ m²

图 1.49　路基横断面图

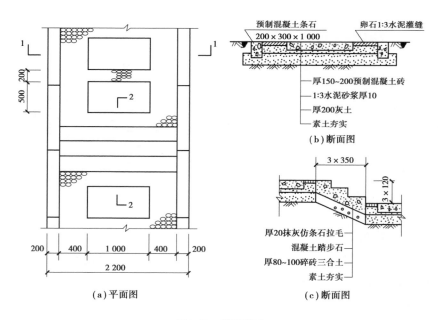

预制混凝土条石　　　　卵石1:3水泥灌缝
200×300×1 000

厚150~200预制混凝土砖
1:3水泥砂浆厚10
厚200灰土
素土夯实

（b）断面图

3×350

3×120

厚20抹灰仿条石拉毛
混凝土踏步石
厚80~100碎砖三合土
素土夯实

（c）断面图

500　200

200　400　1 000　400　200
2 200

（a）平面图

图 1.50　铺装详图

④种植工程施工图

种植设计是园林设计的重要组成部分,种植设计图一般用(1：100)～(1：500)的比例(图1.51)。种植设计图主要是平面图,游园中的树丛、树群及花坛设计应配以透视图或立面图,以反映树木的配合。

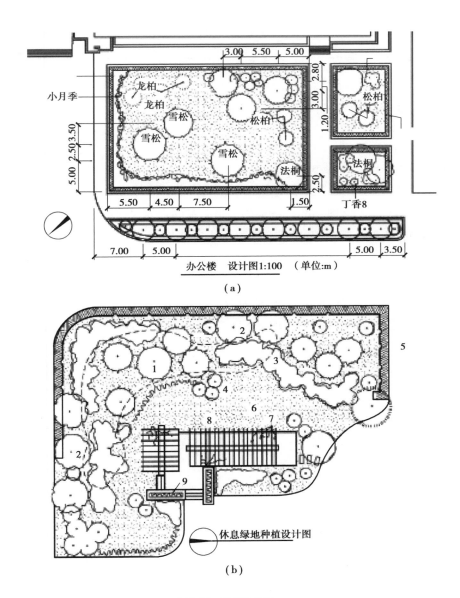

图 1.51　种植设计图

a. 基本表示方法

建筑平面用粗实线表示, 道路、水池等构筑物用中实线表示, 管线的平面位置图用图例表示。常见市政管线图(图 1.52)。

图 1.52　市政管线图例

b. 园林植物的平面表示法

根据设计要求,平面图上用平面符号和图例表示园林植物(图 1.53)。树木的平面符号可参阅《总图制图标准》,各地画法虽有共同之处,又有所差别。完全用平面符号表示不同的树种是困难的,所以在平面图中往往要画上图例,借助文字说明图中各种不同符号所代表的意义。园林中的花灌木成片种植较多,所以常用花灌木冠幅外缘连线来表示(图 1.54)。绿篱有常绿绿篱和落叶绿篱(图 1.55)。修剪绿篱外轮廓线整齐平直,不修剪的绿篱外轮廓线为自然曲线。平面图上常用草地衬托树木(图 1.56)。树木表示方法很多(图 1.57)。

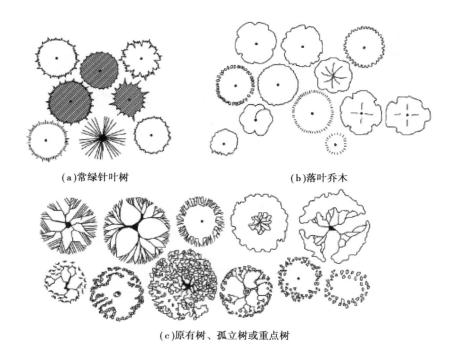

(a)常绿针叶树　　　　　　　　　　　(b)落叶乔木

(c)原有树、孤立树或重点树

图 1.53　树木的平面画法

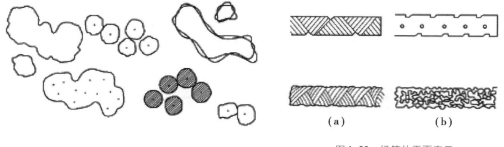

图 1.54　灌木的平面画法

图 1.55　绿篱的平面表示

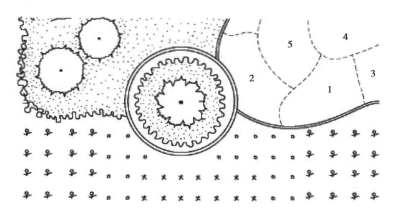

图 1.56　草坪、花镜、花带

注：图中数字代表所种植植物的编号

c. 树木的表示方法

自然界中的树木种类繁多，千变万化（图 1.57）。在图纸上区分大乔木、中小乔木、常绿针叶树、花灌木等。

d. 树种名称及数量的标注

简单的设计可用文字注写在树冠线附近。较复杂的种植设计可用数字号码代表不同树种，然后列表说明树木名称和数量。相同的树木用细线连接。

点状种植有规则式与自由式种植两种。对于规则式的点状种植（如行道树、阵列式种植等），用尺寸标注出株行距、始末树种植点与参照物的距离。而对于自由式的点状种植（如孤植树），会坐标标注清楚种植点的位置或采用三角形标注法进行标注（图 1.58）。现状中有 D1 和 D2 两个参考点，设计有 Q1，Q2，Q3 等乔木和 G1，G2，G3 等灌木，LQ1D1 表示 Q1 点的乔木距 D1 点的距离；LQ1D2 表示 Q1 点的乔木距 D2 点的距离；LG1D1 表示 G1 点的乔木距 D1 点的距离。

图 1.57　树木的表示方法

点状种植植物在施工图中除利用立面图、剖面图表示以外,可用文字来加以标注(图 1.59),用 DQ,DG 加阿拉伯数字分别表示点状种植的乔木、灌木(DQ1,DQ2,DQ3,…,DG1,DG2,DG3,…)。

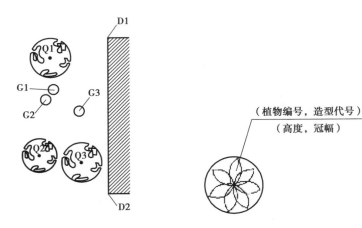

图 1.58　点状种植的标注　　　　图 1.59　点状种植植物的标注方法

植物的种植修剪和造型代号可用罗马数字表示:Ⅰ,Ⅱ,Ⅲ,Ⅳ,Ⅴ,Ⅵ,…,分别代表自然生长形、圆球形、圆柱形、圆锥形等。

片状种植是指在特定的边缘界线范围内成片种植乔木、灌木和草本植物(除草皮外)的种植形式。文字标注方法(图 1.60),用 PQ,PG 加阿拉伯数字分别表示片状种植的乔木、灌木。

草皮是在上述两种种植形式的种植范围以外的绿化种植区域种植，图例是用打点的方法表示，在标注中标明有草坪名、规格及种植面积。

e. 苗木统计表

图纸空白处作苗木统计表，表列树种、数量、规格和苗木来源。苗木表内容及格式(表 1.10)。

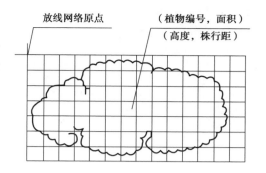

图 1.60　片状种植植物的标注方法

表 1.10　苗木表

点状种植苗木									
序号	编号	植物名称	规　格				造型形式	数量/株	备注
			学名	胸径/cm	树高/m	冠幅(m×m)			
1	DQ1								
2	DG2								

片状种植苗木									
序号	编号	植物名称	学名	规　格			面积/m²	密度/(株·m⁻²)	数量/株	备注
				胸径/cm(或出圃容器类型)	树高/m	冠幅/(m×m)				
3	PQ1									
4	PG2									

草皮						
序号	编号	植物名称	学名	种植形式	出圃规格	面积/m²	备注
5	C1						
6	C2						

第 **4** 课

工程造价构成

DISIKE
GONGCHENG ZAOJIA
GOUCHENG

1 我国现行建设项目投资构成和工程造价的构成

建设项目投资是指在工程项目建设阶段所需要的全部费用的总和。生产性建设项目总投资包括建设投资、建设期利息和流动资金三部分;非生产性建设项目总投资包括建设投资和建设期利息两部分。其中,建设投资和建设期利息之和对应于固定资产投资,固定资产投资与建设项目的工程造价在量上相等。由于工程造价具有大额性、动态性、兼容性等特点,要有效管理工程造价,必须按照一定的标准对工程造价的费用进行分解。一般可以按建设资金支出的性质、途径等方式来分解工程造价。工程造价基本构成包括用于购买工程项目所含各种设备的费用,用于建筑施工和安装施工所需支出的费用,用于委托工程勘察设计应支付的费用,用于购置土地所需的费用,也包括用于建设单位自身进行项目筹建和项目管理所花费费用等。总之,工程造价是工程项目按照确定的建设内容、建设规模、建设标准、功能要求和使用要求等全部建成并验收合格交付使用所需的全部费用。

工程造价的主要构成部分是建设投资,根据国家发改委和建设部(发改投资〔2006〕1325 号)已发布的《建设项目经济评价方法与参数(第三版)》的规定,建设投资包括工程费用、工程建设其他费用和预备费三部分。工程费用是指直接构成固定资产实体的各种费用,可以分为建筑安装工程费和设备及工器具购置费;工程建设其他费用是指根据国家有关规定应在投资中支付,并列入建设项目总造价或单项工程造价的费用。预备费是为了保证工程项目的顺利实施,避免在难以预料的情况下造成投资不足而预先安排的一笔费用。建设项目总投资的具体构成内容(图1.61)。

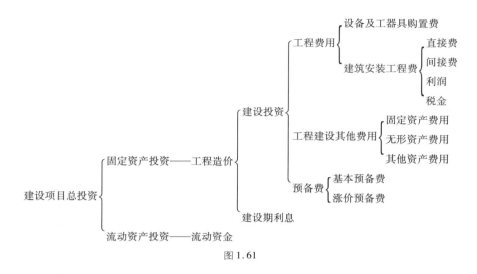

图 1.61

2 世界银行工程造价的构成

1978 年,世界银行、国际咨询工程师联合会对项目的总建设成本(相当于我国的工程造价)作了统一规定,工程项目总建设成本包括直接建设成本、间接建设成本、应急费和建设成本上升费等。

专题:常用装饰材料知识

在工程建设的造价中,材料费所占的比重很大。统计资料表明,工程施工中的材料费占施工总造价达 70% 以上,装饰工程中各种饰面主材费占整个材料费的 70% ~ 90%。社会主义市场经济体制的建立,材料价格将受供求关系影响而呈上下波动。因此,材料耗量的确定,材料差价的调整,对预算费用的高低影响极大。

在工程建设的经济管理工作中,合理地确定各种材料的消耗数量,分析计算材料单价,不仅是制订定额的基础,也是编制预算的主要内容。

掌握各种常用材料的型号、规格、性能、用途及其工艺常识,不断收集新型材料的实用资料,是编制预算的基础之一。环境艺术工程使用的材料十分广泛,不仅有常用的一般性建筑材料,还有许多新型的装饰饰面材料。

下面对常用的装饰材料,按类别作简要介绍。

水泥 为粉末状遇水结硬的胶结材料,是工程建设的“三材”之一。常用水泥有一般水泥、白水泥和彩色水泥三大类。一般水泥有普通(硅酸盐)水泥、火山灰水泥、矿渣水泥等品种,常用于混凝土或砂浆的制备。白水泥和彩色水泥主要用于建筑物表面装饰和小品制作,以构成艺术效果。水泥的品质主要决定于标号,有 32.5,42.5,52.5,62.5 等强度级别,装饰工程常用标号为 32.5 和 42.5 水泥。水泥以质量(t)计量,运输中有袋装(每袋 50 kg)和散装(罐车)之分。

金属材料 建筑上常用的金属材料包括钢材、铝合金材和铜合金材三类,其中钢材是建筑工程中不可缺少的"三材"之一。钢材常用的品种为钢丝、钢筋、钢板、钢带、钢管及各种型钢。装饰工程中常用轻型钢材,主要有特制的板材(涂层钢板、压形钢板、门帘板等)和轻钢龙骨材。铝合金材具有防锈、美观、易加工等特性,已广泛用于环境艺术工程中,门窗、龙骨、隔断(墙)、装饰板、橱柜、招牌等,常以铝合金材料替代钢材、木材而制成。铜合金材料虽然优点很多,但因其价格昂贵,目前仅用于制作建筑配件、零件方面。值得提出的是,近年来不锈钢镜面薄板、不锈钢管材已进入装饰装潢的行列。金属材料一般按质量(t)计量,定型材料也有按长度(m)计量的。

木材 最古老的建筑材料,因其具有质轻、强度高、韧性好、易加工、易装饰等优点,所以是最理想的装饰材料之一。由于蓬勃发展的工程建设与森林资源的矛盾,才出现了"以钢代木""以塑代木"的现象。当然,木材也有不可忽视的易燃烧、材料异向性等缺点,加上木材材种、产地等对质量的影响,使用中有所讲究。在装饰工程中,除了木构件和龙骨用结构材外,大量使用的是各种板材。板材分为原木板材和再生(人造)板材两大类。条形地板、拼花地板、原木墙裙、木板门等,采用原木板材;而各种装饰面层的胶合板、纤维板、木丝板、刨花板、木屑板等是人造板材。结构木材以成材体积(m^3)计量,其中原材(圆木、枋材)用"材积表"换算;而板材以面积(m^2)计量。

石材 分天然石材和人造石材两类。天然石材为在天然石场开采、加工而成的各种石料(毛石、碎石)、方整石、条石、石板等,常用的有大理石、花岗石、石灰岩、砂岩等品种,它具有就地取材、质地坚硬、自然美观、经久耐用等优点,但加工、运输较困难。人造石材主要指采用新工艺浇筑、加工而成的人造大理石、人造花岗岩等装饰性板材及其制成品,它具有装饰性、可加工性、价格较低等优点,因而代用较多。在定额中,板材以面积、块材以体积、碎材以质量计量。

装饰混凝土 大板建筑中的墙板及代替砖材的各种砌块,外表面采用装饰混凝土形成"结构装饰一体化",不仅加快了施工进度,而且能产生独特的装饰效果。常用的彩色混凝土、图案混凝土、露石混凝土等装饰混凝土,都是按一定配比拌制、铺在构件表面,通过压实成型工艺而制成建筑构件。

彩色砂浆 指用普通砂浆加入定量颜料,或直接使用彩色水泥加砂拌制而成的抹灰砂浆。主要用于室外表面装饰,根据工艺要求可以衬底,也可作面层。彩色砂浆抹灰层表面,常配合进行艺术处理(拉毛、拉条、洗石、干粘、水磨、斩剁等),以构成相应的装饰效果。

菱镁混凝土 以菱镁粉(NhP)或氯化镁(卤块、NDmh #)为主料,掺入适量填料(砂石或锯末)、颜料、添加剂,经拌制、浇注、成型、养护等工艺,可制成具有耐热、隔音、保温、绝缘、无尘、阻燃、弹性、色艳等特点的整体装饰面层。常用于地面、墙面、天棚、彩瓦等装饰工程,以地面装饰用得最多。

建筑塑料 塑料的品种很多,建筑塑料是指以合成树脂为基料,掺入各种添加剂(填充料、增塑剂、硬化剂、着色剂、稳定剂、润滑剂等)加热塑化、成型的有机高分子聚合材料。它具有质轻、强度大、导热差、绝缘好、易加工等优点,也存在易老化、刚度差、可燃性等缺点(可采取措施改善)。常用的塑料品种有聚乙烯、聚苯烯、聚氯乙烯、聚苯乙烯、腈丁苯共聚物等,还有许多塑料纤维(涤纶、锦纶、腈纶、维纶)和塑料橡胶。建筑上的塑料制成品主要是各种管材、型材、饰面砖、贴面装饰板、地板、地贴、壁纸、门窗框、地毯、涂料等。在装饰工程中,各种塑料板材、涂料、壁纸使用最多。塑料制品的具体规格,因生产厂家而异。

建筑涂料 指涂刷在构件表面,起保护、装饰作用的成膜性液体材料。它由成膜物质(油料或树脂等胶剂)、颜料、掺剂、辅料(催干、固化、增塑等)等调配而成。涂料因功能不同,其广泛含义可分为建筑涂料和油漆涂料两类。建筑涂料按适用场所分,有外墙涂料、天棚与内墙涂料、地面涂料、屋面防水涂料等诸多品种;油漆涂料有天然漆(生漆、虫胶漆……)、调和漆、磁漆、清漆等类别,品种也很多。各种涂料均以重量(kg)计量,使用中有成品与半成品之分,半成品须加辅料调配,方可使用。

吸音板 镶钉在天棚龙骨上的顶棚面层的轻型装饰块料。常用的有矿棉板、贴塑矿(岩)棉板、玻璃棉板、膨胀珍珠岩板、钙塑泡沫板等品种,规格因厂而异,多以正方形平面尺寸(mm)表示,如 $200 \times 200,250 \times 250,300 \times 300,350 \times 350,400 \times 400,450 \times 450,500 \times 500,600 \times 600$ 等。吸音板一般具有质轻、吸声、防火、隔热、保温、美观等特点。采购中以面积(或块数)计量,安装施工中常用盖缝条、角花、装饰条等配合。

石膏装饰制品 天然二水石膏经加热脱水后形成的半水石膏(建筑石膏),具有强度高、需水量少、晶粒粗等特点。建筑石膏加水混合,可制成具有可加工性、防火防潮、光滑饱满、不裂不变形等优点的各种装饰板材和装饰成品。常用的有普通石膏装饰板(平板、花纹板、穿孔板)、纸面石膏板、纤维石膏板等品种,平面尺寸一般为 $600 \times 600,450 \times 900,500 \times 500,900 \times 900,900 \times 1\ 500$ 等,可以按需要锯割组合、钉刨安装。广泛用于房间分隔、天棚吊顶等表面装饰。

建筑陶瓷 指以黏土为主要原料,经配料、制坯、干燥、焙烧等工艺而制成的各种装饰材料及成品。建筑陶瓷包括外墙面砖(墙面砖、彩釉砖、线砖等)、内墙面砖(瓷砖)、地面砖(红缸砖)、陶瓷锦砖(马赛克)、陶瓷字画、卫生陶瓷(洗面盆、妇洗器、小便器、大便器、瓷水箱、洗涤池……)、园林陶瓷(瓦、花窗、花格、栏杆、花瓶、缸、桌墩等琉璃制品)及彩色瓷粒等。各种制品及块料的规格很多,如外墙面砖有 $200 \times 100 \times 12,150 \times 75 \times 12,75 \times 75 \times 8,108 \times 108 \times 8$ 等。表面颜色、形体、画纹等也有多种,需要时可查厂家或商店的产品资料。

玻璃 以石英砂为主要原料,掺入适量添加剂经高温熔制而成的均质同向性材料,用途十分广泛,品种也极多。例如,通用的不同厚度平板玻璃(常用厚度有 2,3,5,6,8,10,12 mm);满足隔热要求的中空玻璃、镜面玻璃、镀膜玻璃、多孔玻璃、吸热玻璃等;防止破碎伤人的钢化玻璃、夹丝玻璃、夹层玻璃等安全玻璃;透光不透视的磨砂玻璃、压花玻璃等;装饰面层的玻璃锦砖、彩色玻璃、水晶玻璃等;充当构件和高级装潢的各种异形玻璃、玻璃砖、镭射玻璃等。它们都是建筑装饰工程中常用的材料。定额中玻璃以面积(m^2)计量,采购中常以"箱"为单位(每标准箱约 50 kg、平均玻璃密度 $2\ 500$ kg/m^3)。

纤维及其织物装饰品 在装饰材料中,不能忽视纤维材料所特有的色彩鲜艳、质地柔软、富有弹性的装饰效果。纤维的原材料可分为天然纤维(毛、棉、麻、丝……)和有机合成纤维(粘胶、醋酸、腈纶、尼龙、丙纶、玻纤……)两类。所制成的装饰织物有墙布(棉纺、无纺布、化纤、玻纤印花)、壁纸和地毯(纯毛、混纺、合成纤维)三类。

其他装饰材料 装饰工程使用的材料内容多、范围广,特别是辅助性用料,涉及一般土建、安装工程中的诸多原材料、成品及半成品。例如,砖瓦、石灰、砂石、竹材、铁丝、螺栓、焊条、螺丝、油毡、沥青、柏油、石膏粉、管材、电线、电缆、铁件、铁纱、板网、五金配件等。丰富这方面知识,对编制预算是有益的。

上述内容仅属概念性知识,可作为进一步学习的纲目。详细的资料,可结合工程查阅有关专著和产品说明书。

同学们应该主动去市场学习各种装饰材料,考察内容主要是材料的类别、规格、尺寸、色彩、机理、工艺、特性、价格、储存、管理、销售等，并以表格的形式记录下来。

问题思考

①简述装饰工程的基本构造层次和饰面工程的工艺分类。

②指出"三项原理""五种符号""六类图式"的具体内容。它们在工程设计图中有何意义？

③土建施工图包括哪四部分内容？相互间有何关系？简述土建施工图的识图步骤与注意事项。

④试述环境艺术工程施工图的内容及特别的图示方法。

⑤环境艺术工程的施工工艺与做法有哪些？各种施工工艺有何特点和要求？

第二章

环境艺术工程定额

HUANJING YISHU
GONGCHENG DING'E

No.2

互动体验

■ 制订预算定额表格

学会在实际工作中根据不同的案例和要求进行不同的定额和单价的套用（表2.1、表2.2）。

表2.1　水磨石楼地面预算定额

计量单位：100 m²

定额编号			8-28	8-29	8-30	6-31
项　目		单位	水磨石楼地面			
			不嵌条	嵌条	分格调色	彩色镜面
			15 mm			20 mm
人工	综合工日	工日	47.12	56.46	60.10	92.84
材料	水泥白石子浆1∶2.5	m³	1.73	1.73	—	—
	白水泥色石子浆1∶2.5	m³	—	—	1.73	2.49
	素水泥浆	m³	0.10	0.10	0.10	0.10
	水泥	kg	26.00	26.00	26.00	26.00
	金刚石三角	块	30.00	30.00	30.00	45.00
	金刚石200 mm×75 mm×50 mm	块	3.00	3.00	3.00	3.00
	玻璃3 mm	m²	—	5.38	5.38	5.38
	草酸	kg	1.00	1.00	1.00	1.00
	硬白蜡	kg	2.65	2.65	2.65	2.65
	煤油	kg	4.00	4.00	4.00	4.00
	油漆溶剂油	kg	0.53	0.53	0.53	0.53
	清油	kg	0.53	0.53	0.53	0.53
	棉纱头	kg	1.10	1.10	1.10	1.10
	草袋子	m²	22.00	22.00	22.00	22.00
	油石	块	—	—	—	63.00
	水	m³	5.60	5.60	5.60	12.42
机械	灰浆搅拌机200 L	台班	0.29	0.29	0.29	0.42
	平面磨石机	台班	10.78	10.78	10.78	28.50

注：彩色镜面磨石指高级水磨石，除质量要求达到规范要求外，其操作工序一般应按"五浆五磨"研磨、七道"抛光"工序施工。

表2.2 某地区水磨石楼地面单位估价表

工作内容:清理基层、调制石子浆、刷素水泥浆、找平抹面、磨光、补砂眼、理光、上草酸、打蜡、擦光、嵌条、调色、彩色镜面水磨石,包括油石抛光。

计量单位:100 m²

定额编号			8-29		8-30		8-31		8-32	
项 目	单位	单价/元	水磨石楼地面							
			不嵌条		嵌条		分格调色		彩色镜面	
			厚 15 mm						厚 20 mm	
			数量	合价	数量	合价	数量	合价	数量	合价
基 价	元		2 350.64		2 647.80		3 208.72		5 278.01	
其中 人工费	元		1 036.64		1 242.12		1 322.20		2 042.48	
材料费	元		1 071.27		1 162.73		1 643.57		2 599.53	
机械费	元		242.95		242.5		242.95		636.00	
人工 综合工日	工日	22.00	47.12	1 036.64	56.46	1 242.12	60.10	1 322.20	92.84	2 042.48
水泥白石子浆 1:2.5	m³	321.32	1.73	555.88	1.73	555.88				
白水泥色石子浆 1:2.5	m³	590.92					1.73	1 022.29	2.49	1 471.39
氧化铁红	kg	4.81					3.00	14.43	3.00	14.43
素水泥浆	m³	379.76	0.10	37.98	0.10	37.98	0.10	37.98	0.10	37.98
水泥#425	kg	0.25	26.00	6.50	26.00	6.50	26.00	6.50	26.00	6.50
金刚石三角	块	12.34	30.00	370.20	30.00	370.20	30.00	370.20	45.00	555.30
金刚石 200 mm×75 mm×50 mm	块	8.96	3.00	26.88	3.00	26.88	3.00	26.80	3.00	26.88
玻璃 3 mm	m²	17.00			5.38	91.46	5.38	91.46	5.38	91.46
草酸	kg	7.50	1.00	7.50	1.00	7.50	1.00	7.50	1.00	7.50
硬白蜡	kg	4.88	2.65	12.93	2.65	12.93	2.65	12.93	2.65	12.93
煤油	kg	2.49	4.00	9.96	4.00	9.96	4.00	9.96	4.00	9.96
油漆溶剂油	kg	3.51	0.53	1.86	0.53	1.86	0.53	1.86	0.53	1.86
清油	kg	12.30	0.53	6.52	0.53	6.52	0.53	6.52	0.53	6.52
棉纱头	kg	6.04	1.10	6.64	1.10	6.64	1.10	6.64	1.10	6.64
草袋子	m²	1.04	22.00	22.88	22.00	22.88	22.00	22.88	22.00	22.88
油石	块	5.00							63.00	315.00
水	m³	0.99	5.60	5.54	5.60	5.54	5.60	5.54	12.42	12.30
机械 灰浆搅拌机 200 L	台班	45.00	0.29	13.05	0.29	13.05	0.29	13.05	0.42	18.90
平面磨石机	台班	22.00	10.45	229.90	10.45	229.90	10.45	229.90	28.05	617.10

注:①彩色镜面磨石系指高级水磨石,除质量要求达到规范要求外,其操作工序一般应按"五浆五磨"研磨、七道"抛光"工序施工。

②水磨石面层厚度设计要求与定额规定不符时,水磨石子浆数量换算,其他不变(下同)。

③水磨石面层嵌条采用金属嵌条时,取消玻璃数量,另增加水磨石嵌铜条。

④彩色水磨石按氧化铁红4.81元/kg编制。如采用氧化铁黄(5.85元/kg)或氧化铬绿(37.64元/kg),可调整。

定额认识

1 定额的概念

在环境艺术工程施工过程中,为了完成某一工程项目或某一分项工程,就必须消耗一定数量的人力、物力和财力,人力、物力和财力的消耗数量是随着施工对象、施工方法和施工条件的变化而变化的。环境艺术工程定额反映了在一定生产力水平条件下,施工企业的生产技术和管理水平,即环境艺术工程定额是指在正常的施工生产条件下,完成单位合格产品所必须消耗的人工、材料、施工机械设备及其价值的数量标准。定额除规定消耗数量标准外,还规定了应完成的工作内容以及要求达到的质量标准和安全要求。

所谓"正常施工条件"是指施工过程符合生产工艺、施工验收规范和操作规程的要求,并且满足施工条件完善、劳动组织合理、机械运转正常、材料供应及时等条件。

2 定额的作用

定额是实现企业管理科学化的基础和必备的条件,定额在企业管理科学化中始终占有重要的地位,没有定额就谈不上科学管理。在市场经济中,每一个商品生产者和商品经营者都被推向市场,他们必须在竞争中求生存、求发展,为此,他们必须提高自己的竞争能力,这就要求他们必须利用定额手段加强管理,以达到提高工作效率,降低生产和经营成本,提高市场竞争能力的目的。在工程建设中,环境艺术工程定额主要作用有 4 个方面。

(1)定额是企业计划管理的依据

企业为了组织和管理施工生产活动,必须编制各种计划。由于施工生产受影响的因素很多,因而各种计划的确定在施工企业管理中尤为突出。而计划的编制就要依据定额来进行,在编制施工进度计划、下达施工任务单、限额领料单,计算劳动力、各种材料、机械设备等的需用量时，均应以建筑工程定额为依据编制。

（2）定额是确定工程造价和进行技术经济评价的依据

工程造价是根据设计图及有关规定，并依据定额规定的人工、材料、机械台班的消耗数量和单位价值来计算的，因此，定额是确定工程造价的依据。此外，同一工程项目的设计都有若干个方案，每个方案的投资及其使用功能的多少，直接反映了该设计方案技术经济水平的高低，所以，根据定额和概算指标及其他相关知识对一个工程的若干个设计方案进行技术经济分析，可从中选择经济合理的最优设计方案。

（3）定额是加强企业科学管理，贯彻按劳分配，搞好经济核算的依据

企业为了加强科学管理，提高企业管理水平，需正确地编制各种计划，如施工进度计划、各种资源需要量计划、财务计划等，这些计划的制订、实施、调节和控制都要以各种定额为依据。企业为了分析和比较施工生产中的各种消耗，进行工程成本核算时，必须以定额为标准，分析比较企业各项成本，肯定成绩，找出差距，提出改进措施，不断降低各种消耗，降低工程成本，提高企业的经济效益。

（4）定额是总结、分析、改进生产方法，提高劳动生产率的重要手段

定额明确规定了工人或班组完成一定工程内容的人工、材料及机械设备的消耗量，要想超过定额水平，企业就必须带领班组，努力提高技术水平，改进劳动组织，采用先进的生产方法，降低消耗，提高劳动生产率。一方面，定额直接作用于生产工人，企业以定额作为促使工人降低工作消耗，提高劳动生产率，加快施工进度的手段，以使工人增强市场竞争能力，获取更多的利润；另一方面，作为工程造价计算依据的各类定额，又促使企业加强管理，把社会劳动的消耗控制在合理的限度内。

3 定额的特性

定额主要有 4 个方面的特性。

（1）定额的科学性

定额的科学性首先表现在用科学的观点和方法制订定额，制订定额要充分考虑客观施工生产技术和管理方面的条件，在分析各种影响工程施工生产消耗因素的基础上，定额的内容、范围、体系和水平既要适应社会生产力发展水平的需要，又要尊重工程建设中的生产消耗。此外，制订定额要同现代科学管理技术紧密结合，充分利用现代管理科学的理论、方法和手段，通过严密的测定、统计和分析来确定定额的消耗量。

（2）定额的权威性

目前，在社会主义市场经济条件下，随着投资主体和投资渠道的多元化，环境艺术工程企业所有制结构的变化,建设项目竞争报价和环境艺术产品商品化,定额的法令性已有淡化的趋势。但是应该看到,定额在相当大的范围内和相当长的时间里,仍将具有很大的权威性。

在社会主义市场经济条件下,定额的水平必然会受到市场供求状况的影响,从而在执行中可能产生定额水平的波动,因此,允许企业在定额的执行过程中根据具体情况进行调整,使其体现市场经济的特点,在这种情况下,环境艺术工程定额既能起到宏观调控环境艺术工程市场的作用,又能让环境艺术工程市场充分发挥调节作用,定额成为社会公认的、具有权威性的控制量,各环境艺术工程企业可以根据自身情况进行适当调整。

定额的权威性是建立在采用先进科学的制订方法基础上的,定额能正确反映本行业的生产力水平,符合社会主义市场经济的发展规律。本行业的生产力水平,符合社会主义市场经济的发展规律。

(3)定额的群众性

定额的群众性是指定额的制订和执行都必须有广泛的群众基础。首先,在定额制订的过程中,必须通过科学的方法和手段对群众中的先进经验和操作方法,进行系统的分析、测定和整理,充分听取群众的意见,并吸收工人代表直接参加定额的测定和制订工作;其次,定额的贯彻执行要依靠广大群众,并且在生产经营过程中逐步提高定额水平,积累经验,为定额的再次调整提供新的经验和依据。

(4)定额的稳定性和时效性

任何一种定额都是一定时期在一定生产力水平下的反映,因而在一定时期内,定额都表现出稳定的状态,即定额的稳定性。定额的稳定性是必需的,如果定额经常处于修改变动之中,那么必然造成执行过程中的困难和混乱,很容易导致定额权威性的丧失。另外,定额的编制或修改是一项十分繁重的工作,它需要投入大量的人力、物力和财力,需要收集大量的资料、数据,进行反复的调查研究、测算、比较、分析、审查,及至最后的印刷、发行工作,不可能在短时间内完成。

但是,定额的稳定性是相对的,随着生产力的发展,定额就会越来越不适应当前的生产力水平,有一个由量变到质变的过程,当定额不能再起到促进生产力发展的作用时,定额就需要重新修订编制了,即定额的时效性。定额的稳定期一般为 5~10 年。

此外,在同一定额内,不同的内容,其稳定性和时效性的强弱也不同,一般来说,工程量计算规则稳定性强一些,而人工、材料和机械台班价格则时效性强一些。

4 定额的分类

环境艺术工程定额种类很多,根据使用对象和组织施工的具体目的、要求不同,定额的形式、内容和种类也不同。定额主要有以下几种分类方法:

(1)按生产要素分类

生产要素包括劳动者、劳动手段和劳动对象三部分,与其相对应的定额是劳动定额(又称为人工定额)、材料消耗定额和机械台班使用定额。该三种定额被称为三大基本定额。

①劳动定额。劳动定额是指在正常施工条件下,生产单位合格产品所必须消耗的劳动时间,或者是在单位时间内生产合格产品的数量标准。

②材料消耗定额。材料消耗定额是指在合理使用材料的条件下,生产单位合格产品所必须消耗的一定品种、规格的原材料、半成品、成品或结构构件的数量标准。

③机械台班使用定额。机械台班使用定额是指在正常施工条件下,利用某种施工机械生产单位合格产品所必须消耗的机械工作时间,或者在单位时间内机械完成合格产品的数量标准。

(2)按编制程序和用途分类

环境艺术工程定额根据定额的编制程序和用途不同可分为:工序定额、施工定额、预算定额、概算定额和概算指标。

①工序定额。工序定额是以最基本的施工过程为标定对象,表示其产品数量与时间消耗关系的定额。由于工序定额比较细,所以一般不直接用于施工中,主要在制订施工定额时作为原始资料。如钢筋制作的施工定额就是由运输钢筋、钢筋调直、钢筋下料、切断钢筋、弯曲钢筋、绑扎成形等工序定额综合而成的定额。

②施工定额。施工定额主要用于编制施工预算,是施工企业管理的基础,施工定额由劳动定额、材料消耗定额和机械台班使用定额三部分组成。

③预算定额。预算定额主要用于编制施工图预算,是确定一定计量单位的分项工程或结构构件的人工、材料、机械台班耗用量及其资金消耗的数量标准。

④概算定额。概算定额又称为扩大结构定额。主要用于编制设计概算,是确定一定计量单位的扩大分项工程或结构构件的人工、材料和机械台班耗用量及其资金消耗的数量标准。

⑤概算指标。概算指标主要用于投资估算或编制设计概算,是以每个建筑物或构筑物为对象,规定人工、材料或机械台班耗用量及其资金消耗的数量标准。

第 **2** 课

预算定额

1 预算定额概述

(1) 预算定额的概念

预算定额是确定一定计量单位的分项工程或结构构件的人工、材料、施工机械台班消耗量的标准。它是工程建设中一项重要的技术经济文件。它的各项指标,反映了在完成计量单位符合设计标准和施工及验收规范要求的分项工程消耗的劳动和物化劳动的数量限度。这种限度最终决定着单项工程和单位工程的成本和造价。

(2) 预算定额的作用

在工程建设中,预算定额发挥着重要作用。其作用主要表现在以下几个方面:

①定额是编制施工图预算,确定工程预算造价的依据。

②定额是在环境艺术工程招标、投标中确定标底和投标报价,实行招标承包制的重要依据。

③预算定额是建设单位和建设银行拨付工程价款、建设资金贷款和编制竣工结(决)算的依据。

④预算定额是施工企业编制人工、材料、机械台班需要量计划,统计完成工程量,考核工程成本,实行经济核算的依据。

⑤预算定额是编制概算定额和概算指标的基础。

(3) 预算定额的分类

预算定额的分类,根据标准的不同,可以分为以下三类:

①按专业性质分,预算定额有建筑工程定额和安装工程预算定额两大类。建筑工程定额按专业对象分为建筑工程预算定额、市政工程预算定额、铁路工程预算定额、公路工程预算定额、房屋修缮工程预算定额、矿山井巷预算定额等。

安装工程预算定额按专业对象分为电气设备安装工程预算定额、机械设备安装工程预算定额、通信设备安装工程预算定额、化学工业设备安装工程预算定额、工业管道安装工程预算定额、工艺金属结构安装工程预算定额、热力设备安装工程预算定额等。

②从管理权限和执行范围划分,预算定额可以分为全国统一定额、行业统一定额和地区统一定额等。全国统一定额由国务院建设行政主管部门组织制订发布,行业统一定额由国务院行业主管部门制订发布,地区统一定额由省、自治区、直辖市建设行政主管部门制订发布。

③预算定额按物资要素分为劳动定额、机械定额和材料消耗定额,但是它们相互依存,形成一个整体,作为编制预算定额的依据,各自不具有独立性。

(4)预算定额的组成

预算定额的组成内容主要有文字说明(包括总说明、分部工程说明)、定额项目表(由工程内容、定额表和附注组成)和附录三大部分构成。其中,定额项目表中的主要内容是"三量"和"三价"。所谓"三量"是指完成分项工程内容所需人工、材料、机械台班的消耗数量;"三价"是指人工、材料、机械台班的消耗价值标准。

▌2 预算定额的编制

(1)预算定额的编制原则

①按社会平均水平确定预算定额的原则。预算定额不同于施工定额,它不是企业内部使用的定额,不具有企业定额的性质。预算定额是一种具有广泛用途的计价定额,因此,必须按照价值规律的要求,以社会必要劳动时间来确定预算定额的定额水平,即以本地区、现阶段社会正常的生产条件及社会平均劳动熟练程度和劳动强度来确定预算定额水平。这样的定额水平,使大多数施工企业经过努力能够用产品的价格收入来补偿生产中的消费,并取得合理的利润。

预算定额以施工定额为基础,两者有着密切的联系。但预算定额绝不是简单地套用施工定额。首先,预算定额是若干项施工定额的综合。一项预算定额不仅包括了若干项施工定额的内容,还应包括更多的可变因素。因此,须考虑合理的幅度差,如人工幅度差,机械幅度差,材料超运距,辅助用工及材料堆放、运输、操作损失等,以及由细到粗综合后产生的量差。其次,要考虑两定额的不同定额水平。预算定额的水平是社会平均水平,而施工定额则是平均先进水平。两者相比较,预算定额的水平相对低一些,但应限制在一定的范围内。

②简明适用的原则。预算定额项目是在施工定额的基础上进一步综合,通常将建

筑物分解为分部、分项工程。简明适用是指在编制预算定额时,对于那些主要的、常用的、价值量大的项目,分项工程划分宜细;次要的、不常用的、价值量相对较小的项目则可以放粗一些。

预算定额要项目齐全,要注意补充因采用新技术、新结构、新材料而出现的新的定额项目。对定额的活口也要设置适当,所谓活口,是指在定额中规定当符合一定条件时,允许该定额进行调整,在编制中应尽量不留活口,即使留有活口,也要注意尽量规定换算方法,避免采取按实调整。合理取定计量单位,简化工程量的计算,尽可能避免同一材料用不同的计量单位和一量多用,尽量减少定额附注和换算系数。

③坚持统一性与差别性相结合的原则。所谓统一性,就是从培育全国统一市场规范计价行为出发,计价定额的制订规划和组织实施由国务院建设行政主管部门归口,并负责全国统一定额制订或修订,颁发有关工程造价管理的规章制度办法等。

所谓差别性,就是在统一性的基础上,各部门和省、自治区、直辖市主管部门可以在自己的管辖范围内,根据本部门和地区的具体情况,制订部门和地区性定额、补充性制度和管理办法,以适应我国幅员辽阔,地区间部门发展不平衡和差异大的实际情况。

(2)预算定额的编制依据

预算定额的编制依据包括以下内容:

①现行的设计规范、施工及验收规范、质量评定标准及安全操作规程等技术法规,以确定工程质量标准和工程内容以及应包括的施工工序和施工方法。

②现行全国统一劳动定额、本地区补充的劳动定额以及材料消耗定额、机械台班使用定额,以提供计算人工、材料、机械消耗量。

③通用的标准图集和定型设计图纸,有代表性的设计图纸或图集,据以测定定额的工程含量。

④新技术、新结构、新材料和先进经验资料,使定额能及时反映社会生产力水平。

⑤有关科学试验、测定、统计和经验分析资料,使定额建立在科学的基础上。

⑥国家和地方最新的和过去颁发的编制预算定额的文件规定和定额编制过程的基础资料,使定额能跟上飞速发展的经济形势需要。

(3)预算定额的编制方法及程序

预算定额编制程序一般分为准备工作阶段、收集资料阶段、编制阶段、报批阶段和修改定稿阶段5个阶段。预算定额编制中的主要工作包括:

①确定预算定额编制的计量单位。预算定额的计量单位应根据分部分项工程的形体特征和变化规律来确定。一般来说,分项工程3个度量中有两个度量经常发生变

化,选用平方米(m²)为计量单位比较适宜,如地面、墙面、门、窗等。当物体截面形状基本固定或呈规律性变化,选用延长米(m)为计量单位比较适宜,如扶手、拉杆、窗帘盒等。如工程量主要取决于设备或材料的重量,还可以按吨(t)、千克(kg)作为计量单位。个别也有以个、座、套、台为计量单位的。

定额中人工、材料、机械的计量单位选择比较简单和固定。人工、机械分别按"工日"和"台班"计量,各种材料的计量单位,或按体积、面积和长度,或按吨(t)、千克(kg)和升(L),或按块、个、根等。总之,要能保证准确地计量。

②按典型设计图纸和资料计算工程数量。计算工程数量,是为了通过计算出典型设计图纸所包括的施工过程的工程量,在编制预算定额时,有可能利用施工定额的人工、机械和材料消耗指标确定预算定额所含工序的消耗量。

③确定预算定额各项目人工、材料和机械台班消耗指标。确定预算定额人工、材料、机械台班消耗指标时,必须先按施工定额的分项逐项计算出消耗指标,然后,再按预算定额的项目加以综合。但是,这种综合不是简单的合并和相加,而需要在综合过程中增加两种定额之间的适当的水平差。预算定额的水平,首先取决于这些消耗量的合理确定。

④编制定额表和拟定有关说明。定额项目表的一般格式是:横向排列为各分项工程的项目名称,竖向排列为分项工程的人工、材料和施工机械消耗量指标。有的项目表下部还有附注以说明设计有特殊要求时,怎样进行调整和换算。

3 预算定额与施工定额的区别

预算定额是以施工定额为基础编制的,它们都是施工企业实现科学管理的工具,但是,这两种定额存在着不同之处(表2.3)。

表 2.3　环境艺术工程预算定额与施工定额的区别

项　目	施工定额	预算定额
定额作用不同	是施工企业编制施工预算的依据	是编制施工图预算、标底、投标报价、工程竣工决算的依据
定额内容不同	定额内容有单位分部分项工程人工、材料、机械台班的消耗数量标准	定额内容除了有人工、材料、机械台班的消耗数量标准外,还有费用及基价
定额水平不同	定额反映平均先进水平,约比预算定额高出 10%	定额反映社会平均水平

4 预算定额的调整与换算

建设工程具有单件性和复杂性等特点,不能批量生产,只能是通过个别设计、个别施工来完成某一项目的建设任务。而工程施工中由于地点、规模、时期等不同,所出现的情况,也是多种多样的。预算定额所表现的综合性,要求"去繁化简",不可能涵盖工程实践中的所有条件及其项目内容。为了实事求是地合理估价,定额在执行中对某些项目的特定条件,作出了政策性的调整与换算的规定。

定额的调整与换算是指设计与施工中出现的特定条件、内容、要求等,在定额说明和项目表内明确规定的范围内,所进行的定额指标调整和定额基价换算的取定工作。因此,定额的调整与换算实质上是修正定额项目的指标与基价。从广义的定额应用考虑,定额的调整与换算是预算编制工作中必须掌握的基本技能,它为在政策范围内的准确估价,提供可靠的保证。

预算定额调整与换算的主要规定,归纳起来有系数调整、指标调整、子目更换、金额增减等办法。

(1)系数调整

预算定额的总说明、分章说明及项目表"附注"内,往往提供不同条件的调整系数,即子目系数与综合系数。子目系数仅涉及个别所调项目自身,而综合系数将涉及某一范围的所有项目共同调整。具体换算时,要分清"计算基础"的范围(如人工费、人工加机械、机械费、某项材料费用、定额基价等)。系数调整的一般计算式为:

$$调后价格 = 原价 × 系数$$
$$= 原价 + 调整子目金额 × (调整系数 - 1)$$

(2)指标调整

由于施工方式、设计要求、工程变更等因素的变化,对一些特定施工项目,为做到套价合理,预算定额中常明确规定,对定额指标(人工、材料、机械台班的数量)进行调整,从而换算为新的定额基价。指标调整在土建定额和装饰定额中较多,而在安装定额中少见。定额指标调整的基本计算式为:

$$新基价 = 原基价 - 调整项目金额 + 调整后指标 × 定额资源单价$$
$$= 原基价 ± 调增(减)资源金额$$

(3)子目更换

工程实践中常出现基本工艺做法相同,而构造层次、材料品种、质量要求等某一条件有所变化,套用原价定额显然不合理。对此,有些定额项目作了明确的更换组成子目内容(一般是更换资源内容、不改变定额指标)的规定,则应按新的资源子目组成,以定额资源单价重新计算定额基价。子目更换除土建和装饰预算定额中较为普遍外,在综合预算定额、概算定额中,是最常见的一种调整换算形式。由于安装定额实行"主材单价按实计价、辅材不予调整"的原则,故而安装项目很少出现"子目更换"的调整换算方式。定额子目更换的基本计算式为:

新基价 = 原基价 – 调减项目金额 + 调增项目金额

其中:调减项目金额 = 定额内子目指标含量×定额资源单价

调增项目金额 = 更换的子目指标含量×定额资源单价

(4)增减金额

为简化调整换算的计算过程,当遇到特殊施工条件或做法的个别情况,在定额制订时进行了综合,给出一个固定的增减基价金额值,套价时可直接调价,这种调整换算定额基价方式称为"增减金额"。"增减金额"的调价方式在安装定额中较少,而在土建定额中较多。广义的概念,可以认为定额直接费的调差,也属于定额基价的综合调整。实行单项调差(工资、材料、机械分别调价差)时,价差为资源的定额耗量与相应单价差额的乘积。因此,增减金额的基本计算式为:

新基价 = 原基价 ± 调差金额(元)

调后费用 = 定额费用 + 资源定额耗量(现行单价 – 定额单价)

上述4种调整换算方式是预算定额基价调整换算的基本方法,可以独立调价计算,也可以同时进行两种以上方式的调价。凡两种以上方式的基价调整,称为"混合调价"方式。混合调价是建立在基本方式基础上,只是同时考虑两种以上因素分别计算而已。

预算定额基价的调整与换算,必须以定额规定为依据。预算定额的调价规定主要出现在各章定额说明和项目表的附注内,套价时应认真、仔细,不可忽视。定额中无明确规定时,不可擅自调价,以维护定额标准的严肃性和法规性。对于工程实践中出现的一些新材料、新工艺、新设备、新标准、新设计等,无合适定额项目可查,也无调价规定时,可以根据当地预算定额或单位估价表的价格水平,通过消耗资源的分析,编制"补充定额项目"或"补充单位估价表"(自编单价)进行估价;也可参考其他专业定额或邻省、邻地区定额,进行指标调整和价格换算,以满足编制预算或报价的需要。

预算定额各项指标的确定

1 定额指标的意义及其计量单位

定额指标是指完成单位合格产品所消耗的人工、材料和施工机械台班的实物量标准。定额指标是定额的具体表现内容,是体现定额水平的数值指标。因此,定额指标的确定是预算定额编制工作中的关键性内容,必须具有科学性、经济性和合理性。需要明确指出:经济、合理的定额指标,只能来源于生产实践,也必须经过生产实践的检验才能确定,这是一个"制订与实践"的反复过程。

预算定额的消耗指标由劳动耗量、材料耗量和机械台班耗量三部分组成。劳动耗量是指正常条件下的各种人工消耗指标,以综合工的"工日"计量。一名工人正常劳动 8 小时为一个"工日",综合工是指不分工种、以定额平均技术级别表示的劳动者(现行预算定额以四级工表示)。材料耗量是指各种主材、辅材、周转性材料及其他零星材料的消耗指标,以材料的通用物理量或自然量计量。定额内同品种材料的计量单位应一致,并考虑采购、备料计量的统一。对于少量零星材料及低值易耗品,预算定额通常以折算成货币单位的"元"来计量(不可调整),以使定额简化。施工机械台班耗量是指各种机械正常运转的机械时间消耗指标,以通用型号的主要机械的"台班"计量(一台机械正常运行 8 小时为一个"台班")。

2 人工消耗量指标的确定

人工(定额)消耗量指标是指完成一定计量单位的分项工程或构件所必须消耗的劳动量(用工量),由基本用工、辅助用工及定额幅度差组成。即:

定额人工消耗指标 = 基本用工 + 辅助用工 + 定额幅度差额用工

= (基本用工 + 辅助用工) × (1 + 幅度差系数 %)

基本用工是指主体项目作业用工,或称"净用工量",一般是通过施工定额的劳动定额指标按项目组成内容综合计算求出。首先确定预算定额某项目包括施工定额若干项的综合含量百分数,再计算这些施工项目的"综合取定工程量",分别套用施工定额的用工指标,综合为预算定额的"基本用工"指标。即:

$$基本用工消耗量 = \sum(综合取定工程量 × 施工定额的时间定额)$$

辅助用功是指完成该项目施工任务时,必须消耗的材料加工、超运距等用工量。它也可以通过含量,运用施工定额换算。

幅度差用工是指劳动定额中没有包括,而又必须考虑的用功,以及施工定额与预算定额之间存在的定额水平差额。例如作业准备和清场扫尾、质量的自检与互检、临时性停电或停水、必要的维修工作等内容,造成影响工效而增加的用工。幅度差用工一般采用系数计算,人工幅度差系数是指差额用工量占基本用工和辅助用工的百分率(%),一般取 10% ~ 33%。

$$人工幅度差系数 = \frac{差额用工量}{基本用工 + 辅助用工} × 100\%$$

$$人工幅度差额用工 = (基本用工 + 辅助用工) × 人工幅度差系数 \%$$

3 材料消耗量指标的确定

施工材料消耗定额是指在合理和节约的原则下,完成单位分项工程(或施工过程),所必须消耗的一定品种、规格的材料、半成品、构件、配件及动力等数量的标准数值。其基本公式和计量单位为:

$$单位产品材料消耗定额 = \frac{某种材料的耗量总数}{产品总数}(材料耗量 / 单位产品)$$

材料消耗定额由直接消耗的净用量和不可避免的现场操作、仓储和场内运输损耗量组成,而损耗量是用材料的规定损耗率(%)来计算的。即:

$$材料消耗定额指标 = 净用量 + 损耗量$$
$$= 净用量 × (1 + 损耗率 \%)$$

其中

$$材料损耗率(\%) = \frac{材料损耗量}{材料净用量} × 100\%$$

预算定额内所列材料,可分为主要材料(主材)、辅助材料(辅材)、周转性材料和其他零星材料四类。各种材料的消耗指标可采用理论计算、现场测算、施工定额指标分析等方法,分别确定。

主材和辅材是指完成某分项工程所消耗的主体材料和耗量较多的辅助性材料。应分别列出品种、规格及计量单位,根据材料定额消耗指标的计算式,分别确定(净用量与损耗量之和)。预算定额与施工定额的净用量一致,而损耗量应适当增加(损耗率略大)。装饰材料损耗率见表2.4。

表2.4 主要装饰材料定额损耗率表

序号	名 称	项 目	损耗率/%		
			土建安装	建筑装饰	室内装饰
1	水泥		1/10	5	10
2	钢材	型钢、钢板	5	5	5
3	钢筋	构件浇筑	2	5	—
4	铁件		1	1	1
5	镀锌铁皮	墙面、包门窗	5	5	8
		风管制安	13.8	—	14.9
		水落管、沿沟	6	—	—
6	轻钢龙骨	天棚、隔断	6	6	6
7	铝合金龙骨	天棚、隔断	7	7	7
8	铝合金型材	门窗料、栏杆	7	6	10
9	不锈钢圆管	栏杆、扶手	6	6	10
10	不锈钢方管	栏杆	5	6	16
11	有色金属管		5	5	5
12	无缝钢管		5	5	5
13	焊接钢管	室内给水	2	—	2
		室外给水	1.5	—	1.5
		扶手	5	5	6
14	铸铁管	室内排水	7	—	7
		室外给排水	3	—	3
15	焊接薄钢管	电线管	3	—	3

续表

序号	名 称	项 目	损耗率/%		
			土建安装	建筑装饰	室内装饰
16	金属软管	电线管	3	—	3
17	木枋材	木构件、楞木	5	5	5
		门窗用料	6	6	6
		栏杆扶手	5	10	10
18	成品木门窗	安装	1	1	0
19	木地板	长条、拼花板	5	5	10
		衬底毛板	5	5	5
20	硬木地砖	楼地面	—	2	5
21	抗静电地板	木质	2	2	10
		金属	2	2	5
22	木龙骨	天棚	6	6	10
		隔墙、隔断	5	6	10
23	胶合板	衬底、门扇面	5	5	5
		一般平面面层	5	5	10
		凹凸、艺术面	—	10	35
24	中密度板、刨花板、木丝板	墙柱衬底	5	5	15
		天棚面层	5	5	10
25	宝丽板、爱特版、富丽板	墙柱面层	5	10	10
		天棚面层	5	10	25
26	榉木板、柚木板、切片板、防火板	天棚面层	5	5	10
		墙柱贴面	10	10	10
		门窗套、贴脸等	10	10	15
		花式贴面	—	15	25

序号	名 称	项 目	损耗率/%		
			土建安装	建筑装饰	室内装饰
27	切片皮、柚木皮	贴面	10	20	25
28	石膏板	平面装饰	10	10	10
		凹凸面	10	15	15
29	铝塑板	墙柱面层	5	10	15
30	铝膜板	天棚面层	5	5	10
31	钙型板	天棚面层	2	2	—
32	塑料板	楼地面层	2	2	5
		天棚面层	5	5	10
33	塑料扣(条)板	隔墙	5	5	5
		天棚	8	8	5
34	PVC 真石板	楼地面	—	10	10
35	塑料格子板、美纹板	天棚	2	5	15
36	彩钢板	屋面	4	—	—
		天棚及墙面	6	6	5
37	玻璃钢	天棚及墙面	—	—	15
38	网型夹心墙板	隔墙	6	10	10
39	矿棉板、岩棉板、石棉板、珍珠岩板	天棚	5	5	5
		墙柱	5	5	10
40	水泥压力板	墙、天棚	5	5	—
41	铝合金扣(条)板	天棚面层	5	17	5
		隔墙	5	10	10
42	铝合金方板	天棚	5	5	5
43	铝合金装饰板	墙柱面	5	5	10

序号	名 称	项 目	损耗率/%		
			土建安装	建筑装饰	室内装饰
44	花岗岩板、大理石板、水磨石板、金山石板	一般楼地面及墙柱面	2	2	10
		直线分割图	—	2	15
		折线分割图	—	10	20
		曲线分割图	—	15	25
		美术图案分割	—	20	35
		楼梯贴面	5	5	—
45	地砖、水泥花砖	楼地面	2.5	2.5	2
		楼梯台阶	5.5	5.5	5
		图案装饰	—	10	10
46	缸砖	楼地面	1	1	2
47	外墙面砖	墙柱面	2.5	2.5	5
		零星贴面	5	15	15
48	瓷砖、瓷板	墙面	3.5	3.5	5
		梁柱面	5	8.5	5
		零星贴面	5	15	15
49	内墙花面砖	墙柱面	2	2	5
		零星贴面	4	10	15
50	马赛克	楼地面	3	4.5	2
		墙面、墙裙	4.5	4.5	5.0
		梁柱面	5	6	10
		零星贴面	6	10	15
51	普通玻璃		18	18	18
52	中空、夹丝玻璃	天棚	—	10	19

序号	名　称	项　目	损耗率/%		
			土建安装	建筑装饰	室内装饰
53	钢化玻璃	幕墙	—	18	10
		天棚	—	18	15
		车边成品	—	3	5
54	镜面玻璃	墙面、墙裙	—	18	19
		梁柱面	—	20	19
		天棚	—	18	30
55	镭射玻璃	楼地面	—	—	2
56	灯片玻璃	灯饰	2	2	10
57	有机玻璃	天棚	—	—	10
58	彩色、茶色玻璃	墙柱面	18	18	20
		天棚图案	—	—	25
59	厚质玻璃	隔断	18	5	18
60	玻璃砖	隔断	—	5	8
61	不锈钢镜面板	天棚面层	—	5	10
		墙柱贴面	—	12.5	10
		包门窗、木材面	7	15	10
62	黄铜薄板	天棚	—	5	10
63	钛金板	包门	—	—	9
		包柱	—	—	12.5
64	塑料卷材	楼地面	10	10	10
65	地毯	楼地面	—	10	5

序号	名　称	项　目	损耗率/%		
			土建安装	建筑装饰	室内装饰
66	墙纸(布)	一般天棚、墙面	—	10	10
		拼花天棚、墙面	—	15.8	15
		一般柱面	—	11.7	10
		拼花柱面	—	22.9	15
67	金属壁纸、织锦缎	墙面、天棚面	—	15.8	15
		柱面	—	22.9	20
68	丝绒、壁毯		—	20	20
69	人造革、真皮	软包	—	20	25
70	海绵	软包	—	10	15
71	窗帘布	普通窗门帘	—	15	—
		水波幔帘	—	28	—
72	超细玻璃棉	天棚保温层	10	10	—
		墙面保温层	5	5	—
73	袋装矿棉	天棚保温	4	4	—
74	聚苯泡沫板	天棚保温	10	10	15
		墙体、楼地面	2	—	—
		管道保温	2	—	2
75	棉(毛)毡	墙柱保温	7	—	5
76	各种保温瓦块	管道	8	—	8
		设备	5	—	5
77	各种保温板材	管道、设备	20	—	20
78	不锈钢板、铝板	风管制安	8	—	8
79	塑料板	风管制安	16	—	16
80	玻璃钢风管	成品安装	3	—	3

序号	名　称	项　目	损耗率/%		
			土建安装	建筑装饰	室内装饰
81	砖	砌柱	3	—	—
		零星砌体	5	—	—
82	毛石、碎石		2	—	—
83	白石子、色石子		4	—	—
84	砂		3/10	10	10
85	混凝土	现浇	1.5	—	—
		预制	2	—	—
86	细石混凝土	找平、垫层	1	1	—
87	水泥石子浆	楼地面水磨石	2	2	—
88	砌筑砂浆	砖砌体	1	—	—
		毛石砌体	3	—	—
89	抹灰砂浆	楼地面	1	1	1
		墙柱面抹灰	2	1.5	2
		天棚面抹灰	3	—	3
90	美术字	成品安装	—	1	1
91	灯箱布	灯箱安装	—	20	—
92	石膏制品	安装	—	5	15
93	石膏装饰线	安装	10	10	15
94	木装饰线	直线安装	8	10	10
		曲线安装	8	15	35
95	金属装饰条、压条	安装	—	5	15
96	塑料装饰条、压条	安装	—	5	10
97	石材装饰条	安装	2	5	5
98	木踢脚线	楼地面	2	8	8

序号	名　称	项　目	损耗率/%		
			土建安装	建筑装饰	室内装饰
99	塑料扶手	安装	6	6	10
100	铜嵌缝条	石材嵌缝	2	2	2
		水磨石分格	2	6	—
101	防滑条	楼梯	6	2	2
102	玻璃嵌条	水磨石分格	18	—	—
103	门窗帘轨(棍)	安装	12	12	25
104	拉手、毛巾杆	安装	—	1	1
105	绝缘导线	敷设	1.8	—	1.8
106	电力电缆	敷设	1	—	1
107	控制电缆	敷设	1.5	—	1.5
108	灯具、灯管	安装	1	—	1
109	灯泡、电工瓷件	安装	3	—	3
110	开关、插座、接线盒	安装	2	—	2
111	玻璃灯罩	安装	5	—	5
112	防雷接地装置	安装	5	—	5
113	塑料管材	电线穿管	5	—	5
		给排水用管	2	—	2
114	卫生洁具、龙头、淋浴器、阀类	安装	1	—	1
115	冲洗管	制作安装	2	—	2
116	排水栓、地漏、扫除口	安装	0	—	10
117	喷头	喷泉装饰	—	—	20
118	铸铁散热器	安装	1	—	0
119	光管散热器	安装	3	—	3
120	小五金配件	门窗安装	1	1	1

周转性材料的消耗指标,按摊销量计算:

$$材料摊销量 = 周转使用量 - \frac{回收量 \times 回收折价率}{1 + 间接费率} = 一次使用量 \times k_2$$

$$周转使用量 = 一次使用量 \times k_1$$

式中　k_1——周转使用系数;

　　　　k_2——摊销量系数。

系数 k_1,k_2 按不同用途查表求得(见有关专业教材)。当不考虑补损与回收时,可表示为:

$$材料摊销量 = \frac{一次使用量}{周转次数}$$

其他零星材料是指耗量少、价格低、对基价影响小的低值易耗品等,定额中用货币计量,以"元"表示。一般采用估量计算、综合定价的方法确定。

4 施工机械台班消耗量指标的确定

施工机械台班消耗量,是指在正常施工条件下完成单位合格产品所必须消耗的施工机械工作时间(台班)。

定额分别按机械功能和容量,区别单机或主机配合辅助机械作业,包括机械幅度差,以台班表示,未列机械的其他机械费以占项目机械费之和的百分率列出。

(1)确定机械幅度差

定额根据机械类型、功能及作业对象不同,分别确定机械幅度差,幅度差包括的内容如下:

①配套机械相互影响的时间损失。

②工程开工或结尾时工作量不饱满的时间损失。

③临时停水停电的影响时间。

④检查工程质量的影响时间。

⑤施工中不可避免的机械故障排除、维修及工序间交叉影响的时间间歇。

(2)确定机械台班消耗量

以手工操作为主的工人班组所配备的施工机械,如砂浆、混凝土搅拌机,垂直运输用的塔式起重机,为小组配用,应以小组日产量作为机械的台班产量,不另增加机械幅度差。

(3)按工人小组日产量计算

以机械施工为主的,如打桩工程、吊装工程等应增加机械幅度差。机械幅度差在定额中以机械幅度差系数的形式表示,系数值一般根据测定和统计资料取定。大型机械的机械幅度差系数分别如下:土方机械 1.25;打桩机械 1.33;吊装机械 1.3;其他分部工程的机械,如蛙式打夯机、水磨石机等专用机械,均为 1.1。

按机械台班产量定额计算:

$$机械台班数量 = \frac{定额计量单位}{台班产量} \times 机械幅度差系数$$

5 环境艺术工程费用组成

环境艺术工程费用组成见图2.1。

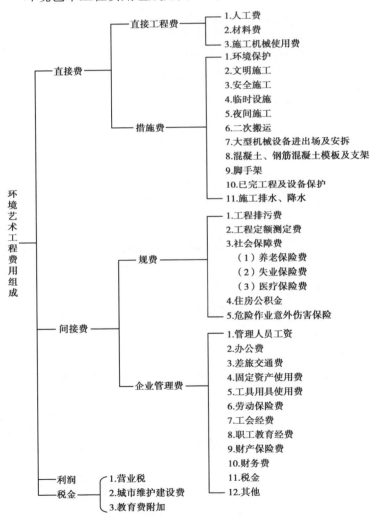

图2.1

第 **4** 课

单位估价表

1 单位估价表的概念和作用

（1）单位估价表的概念

建筑工程预算定额单位估价表也称建筑工程预算单价,是根据建筑工程预算定额规定的人工、材料、施工机械台班的消耗数量,按照工程所在地的工资标准、材料预算价格和机械台班预算单价计算的,以货币形式表示的分项工程定额计量单位价格的价目表。

单位估价 =（人工消耗量 × 相应人工单价）+（材料消耗量 × 相应材料基价）+
　　　　　（机械台班消耗量 × 相应机械台班单价）

表2.1和表2.2是某地区水磨石楼地面预算定额和相对应的单位估价表。从表中可以看出,单位估价表中的人工、材料、机械用量基本上是按照预算定额中相应的用量计算的,只是平面磨石机的用量根据该地区的实际情况作了调整。

单位估价表通常由编制地区的建设行政主管部门负责组织编制,一经颁发实施,即成为法定的单价,凡在规定区域范围内的所有建筑工程,都必须按单位估价表编制工程预算或进行工程结算,如需补充修改,应得到批准机关的同意,未经批准,不得任意变动。

（2）单位估价表的作用

环境艺术工程预算定额单位估价表有以下主要作用:

①单位估价表是确定工程造价的基本依据之一,按施工图计算出各种分项工程量,乘以相应的预算单价,就可以得出一个单位工程的直接费用,再按规定计取各项费用,即得出单位工程的全部预算造价。

②单位估价表在设计方案的技术经济分析工作中也有着重要的作用,它是方案设

计阶段进行技术经济分析的基础资料。

③单位估价表是施工企业进行核算的依据,即企业为了考核成本执行情况,必须按单位估价表中所规定的单价进行比较。

④单位估价表是进行已完工程结算的依据之一。即建设单位和施工单位按单位估价表核对已完工程的单价是否正确,以便进行分部分项工程结算。

⑤单位估价是审价机构进行审价工作的重要依据。根据单位估价表来审核施工图预算和工程决算,就可以判断该工程预决算是否合理,是否有高估冒算的现象。

2 单位估价表中人工单价的确定

人工单价是指一个建筑安装工人一个工作日在预算中应计入的全部人工费用,它基本上反映了建筑安装工人的工资水平和一个工人在一个工作日中可得到的报酬。

人工单价主要由以下几部分组成:

基本工资、工资性补贴、生产工人辅助工资、职工福利费、生产工人劳动保护费。

计算公式如下:

①基本工资

$$日工资单价(G) = \sum_{i=1}^{5} G_i$$

②工资性补贴

$$(G_1) = \frac{生产工人平均月工资}{年平均每月法定工作日}$$

$$工资性补贴(G_2) = \frac{\sum 年发放标准}{全年日历日 - 法定假日} +$$

$$\frac{\sum 月发放标准}{年平均每月法定工作日} + 每工作日发放标准$$

③生产工人辅助工资

$$生产工人辅助工资(G_3) = \frac{全年无效工作日 \times (G_1 + G_2)}{全年日历日 - 法定假日}$$

④职工福利费

$$职工福利费(G_4) = (G_1 + G_2 + G_3) \times 福利费计提比例(\%)$$

⑤生产工人劳动保护费

$$生产工人劳动保护费(G_5) = \frac{生产工人年平均支出劳动保护费}{全年日历日 - 法定假日}$$

3 单位估价表中材料基价的确定

列入单位估价表的材料单价也称材料预算价格或材料基价,是指材料由来源地或发货地运至工地仓库或施工现场存放地后的出库价格。

材料基价主要由以下几部分组成:

材料原价(或供应价格)、材料运杂费、运输损耗费、采购及保管费。

计算公式如下:

$$材料基价 = [(供应价格 + 运杂费) \times (1 + 运输损耗率(\%))] \times$$
$$(1 + 采购保管费率(\%))$$

4 单位估价表中施工机械单价

施工机械单价也称为施工机械台班预算价格,是指各种用途类别、能力的施工机械在正常运转情况下所支出和分摊的各项费用,以每运行一个台班为计算单位,8 小时为一个台班。

施工机械单价主要由以下几部分组成:

折旧费、大修理费、经常修理费、安拆费及场外运费、人工费、燃料动力费、养路费及车船使用税。

计算公式如下:

$$台班单价 = 台班折旧费 + 台班大修费 + 台班经常修理费 + 台班安拆费及场外运$$
$$费 + 台班人工费 + 台班燃料动力费 + 台班养路费及车船使用税$$

问题思考

①何谓定额指标、定额基价? 两者有何区别? 分别由哪些内容组成?

②怎样确定人工消耗量、材料消耗量和机械台班消耗量的定额指标? 人工幅度差、机械影响消耗的含义是什么?

③如何确定"定额工资标准"? 它在定额中的作用是什么?

④计算材料预算价格的"五因素"是什么? 试述各种因素的含义和确定方法。

⑤试述机械台班预算价格的第一类费用和第二类费用的具体含义。两者有何区别?

⑥何谓单位估价表? 为什么要编制单位估价表? 试述单位估价表的作用和编制依据。

第三章

环境艺术工程量计算

HUANJING YISHU
GONGCHENGLIANG JISUAN

No.3

互动体验

某宾馆单间客房室内装饰工程量的计算（案例来源：陈宪仁《装饰工程预算与报价》）

以"1998 年江苏室内装饰定额"的《工程量计算规则》为依据，按单体配套项目计算工程量。由于图中所示内容不全，无详图明示，故有些项目的室内装饰工程量计算，按常规做法及尺寸设定（图 3.1、图 3.2）。

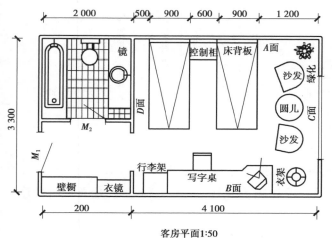

说　明

① 卫生间其他配件不作图示只作说明：包括洗脸台为雪花白大理石，角钢钢丝网混凝土支架平台前下沿高150挡板，墙面为银白镜、下部立高150大理石板；
② 地面为合资200×200防滑面砖；
③ 墙面为150×200合资素花面砖；
④ 其他包括浴巾架、浴帘杆、肥皂盒、金属罗纹管喷头、单控混合水嘴、毛巾架、手纸盒

客房平面1:50

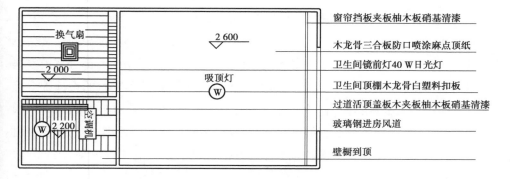

窗帘挡板夹板柚木板硝基清漆

木龙骨三合板防口喷涂麻点顶纸

卫生间镜前灯40 W日光灯

卫生间顶棚木龙骨白塑料扣板

过道活顶盖板木夹板柚木板硝基清漆

玻璃钢进房风道

壁橱到顶

图 3.1

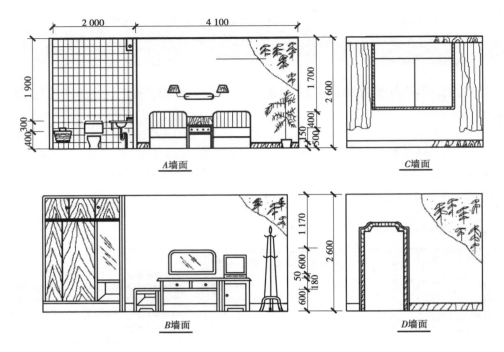

图 3.2　单间客房室内装饰图

单间客房为宾馆的标准间客房,施工图由客房平面图、天棚镜像图及四周墙面立面图组成,装饰做法及控制尺寸已标注在施工图上。计算工程量时,应首先看懂这套图纸。

凡图示不详的尺寸及做法,按常规考虑计量。

单间客房的室内装饰工程量计算(表3.1)。表内备注对尺寸、做法进行了设定。

学习时,应对照设计图,逐项搞清计算式内每项数据的来源。

很多学环艺设计专业的同学毕业以后会做室内设计,而其中的大部分同学又会选择做室内家居设计,而在市场上室内家居设计和工程公司比比皆是。大部分室内家居设计公司的预算(施工图预算)皆由设计师自己编制。很多经验不丰富的设计师会经常因为各种原因把工程量算错,有的是对绘图的软件不熟,有的是对公司的预算模板不熟,有的是对施工的程序和工艺不熟,有的是对现场的勘察不够仔细,有的是编制时粗心大意等,造成在计算分项工程时面积计算有误,出现错项、漏项等现象,从而导致工程量计算有误,这将影响整个项目造价的准确性,使企业蒙受损失,也给客户和设计师自己造成不良的影响。因此,准确计算工程量是施工图预算的第一道重要的门槛。

表 3.1　某宾馆单间客房（每套）室内装饰工程计量计算表

序号	工程项目	计算式	单位	工程量	备　注
1	天棚木龙骨	卧室　　　　　　　　　　　橱室　　　　　　　　　　　过道 $F = (4.1 - 0.12) \times 3.3 + (2.0 - 0.12) \times (3.3/2 - 0.12) + (2.0 - 0.12) \times$ $(3.3/2 - 0.5 - 0.12) = 13.13 + 2.88 + 1.94 = 17.95 \text{ m}^2$	m^2	17.95	截面 25 mm × 30 mm
2	天棚三夹板面层，贴麻点壁纸（卧室）	$f_1 = (4.1 - 0.12) \times 3.3 = 13.13 \text{ m}^2$	m^2	13.13	
3	白塑料扣板天棚面层（卫生间）	$f_2 = (2 - 0.12) \times (3.3/2 - 0.12) = 2.88 \text{ m}^2$	m^2	2.88	
4	过道夹板、柚木板天棚面层，刷硝基清漆	柜 $f_3 = (2.0 - 0.12) \times (3.3/2 - 0.5 - 0.12) = 1.94 \text{ m}^2$	m^2	1.94	
5	天棚直线型阴角压条	$L_1 = (3.98 + 3.3) \times 2 + (1.53 + 1.88) \times 2 = 21.38 \text{ m}$	m	21.38	
6	窗帘盒（木夹板、柚木板）及刷硝基油漆	$L_2 = 3.3 \text{ m}$ 　　　L_1　　　　n $(f_4 = 3.3 \times 0.25 = 0.825 \text{ m}^2)$	m m^2	3.3 (0.825)	配窗帘轨 3.3 m
7	柚木送风口	$n_1 = 1$	个	1	
8	柚木排风口	$n_2 = 1$	个	1	

序号	工程项目	计算式	单位	工程量	备注
9	墙面抹灰	$f_5 = [(4.1-0.12)\times2+3.3\times2+(2.0-0.12)\times2+(1.65-0.12)\times2]\times2.60-\overset{M_1}{0.9\times2.0}\times3-\overset{M_2}{0.7\times1.8}-\overset{C}{1.8\times1.5}=55.588\ m^2 - 1.26\ m^2 - 2.7\ m^2 = 46.23\ m^2$	m^2	46.23	$M_1\,900\times2\,000$ $M_2\,700\times1\,800$ $C\,1\,800\times1\,500$
10	墙面贴瓷砖	$f_6 = [(2.0-0.12)\times2+(1.65-0.12)\times2]\times2.6-\overset{镜面}{1.5\times1.0} - \overset{M_2}{(1.65-0.12)\times0.4}-\overset{浴缸}{0.6\times0.4\times2}-\overset{浴缸端头}{0.7\times1.8}=17.73-1.50-0.61- 0.48-1.26=13.88\ m^2$	m^2	13.88	$镜面$ $\overset{b}{1.5}\times\overset{h}{1.0}$
11	玻璃镜面（卫生间）	$f_7=1.5\times1=1.5\ m^2$	m^2	1.50	
12	水泥地面	$f_8=f_1+f_3+\overset{框底}{1.88\times0.5}=13.13+1.94+0.94=16.01\ m^2$	m^2	16.01	
13	满铺地毯	$f_9=f_1+f_3=13.13+1.94=15.07\ m^2$	m^2	15.07	
14	大理石洗漱台板（白大理石）	一块平台 $1.2\times0.55=0.66\ m^2\,(n_3=1)$	块	1	
15	大理石台板贴边	$f_{10}=1.2\times0.15=0.18\ m^2$	m^2	0.18	
16	200 mm×200 mm 防滑地砖地面（卫生间）	$f_{11}=f_2-\overset{红}{1.53\times0.6}=2.88-0.92=1.96\ m^2$	m^2	1.96	
17	柚木踢脚板	$f_{12}=[(3.98+3.3)\times2+(1.53+1.88)\times2-0.9\times3-0.7+0.24\times4]\times 0.15=18.94\times0.15=2.84\ m^2$	m^2	2.84	高150

序号	项目	计算式	单位	数量	备注
18	铝合金推拉窗制安	$f_{13} = 1.8 \times 1.5 = 2.7 \text{ m}^2$	m²	2.7	1 800 × 1 500
19	柚木夹层实心门	$M_1 = 0.9 \times 2 = 1.8 \text{ m}^2$	m²	1.8	900 × 2 000
20	三夹板门制安	$M_2 = 0.7 \times 1.8 = 1.26 \text{ m}^2$	m²	1.26	700 × 1 800
21	门窗套、贴脸	$f_{14} = \underset{C}{(0.3+0.16+0.10)} \times \overset{M_1}{(0.9+2.0\times2)} + \underset{门洞}{(0.3+0.1\times2)} \times (0.7+1.8\times2) + (0.1+0.16) \times \overset{M_2}{(1.8+1.5)} \times2 = 2.744+2.45+2.15+1.716 = 9.06$	m³	9.06	
22	洗面盆安装	$n_4 = 1$	组	1	
23	浴缸（带淋浴）	$n_5 = 1$	组	1	
24	低水箱坐式便器	$n_6 = 1$	组	1	
25	室内 Dg15 镀锌钢管安装	$l_3 = 5 \text{ m}（估）$	m	5	房间支管
26	Dg100 承铸铁排水管	$l_4 = 1.5 \text{ m}（估）$	m	1.5	其他总管另计
27	Dg50 承铸铁排水管	$l_5 = 4 \text{ m}（估）$	m	4	
28	地漏 Dg50	$n_7 = 1$	套	1	
29	Dg15 螺旋闸阀	$n_8 = 1$	只	1	
30	D350 卧室吸顶灯	$n_9 = 1$	套	1	

序号	工程项目	计算式	单位	工程量	备注
31	床头控制柜	$n_{10}=1$	台	1	
32	床头壁灯	$n_{11}=2$	组	2	
33	写字台墙壁灯管	$n_{12}=1$	组	1	
34	卫生间镜面壁灯管	$n_{13}=1$	组	1	
35	卫生间吸顶灯	$n_{14}=1$	组	1	
36	过道吸顶灯	$n_{15}=1$	组	1	
37	换气吸风扇	$n_{16}=1$	组	1	
38	落地台灯	$n_{17}=1$	只	1	
39	写字台桌面台灯	$n_{18}=1$	只	1	
40	三联暗装板式开关	$n_{19}=1$	只	1	
41	单联暗装板式开关	$n_{20}=2$	只	1	
42	暗装二、三眼组合插座	$n_{21}=3$	只	3	
43	护套2×2.5明设	$l_6=20$ m	m	20	天棚内
44	BV-1.5穿管敷设	$l_7=30$ m(估)	m	30	照明线
45	BV-2.5穿管敷设	$l_8=40$ m(估)	m	40	化线、控制柜进线
46	Dg25塑料管	$l_9=25$ m(估)	m	25	

47	Dg10 塑料管	$l_{10}=16$ m（估）	m	16	
48	电话插座	$n_{22}=1$	只	1	
49	电视线	$l_{11}=10$ m	m	10	
50	电话线	$l_{12}=10$ m	m	10	
51	通风管（玻璃钢）	$f_{15}=(0.4+0.2)\times2\times5.0=6$ m^2	m^2	6	矩形 400×200
52	风管保温	$V_1=(0.5+0.3)\times2\times0.1\times3=0.48$ m^3	m^3	0.48	厚 100
53	壁橱衣柜制作安装	$L\times B\times H=1\,880\times500\times2\,600$ （$V=1.88\times0.5\times2.6=2.444$ m^3）	件 m^3	1 （2.444）	定额 1×0.5×2 =1 m^3
54	购置家具（独立费）	①单人床 2 张 ②写字台及坐凳一套 ③行李柜架一张 ④单人沙发两只（弧形板式） ⑤圆桌一张 ⑥立柱式衣架一只			
55	落地窗帘布	$f_{16}=\overset{l}{3.3}\times1.5\times\overset{H}{2.5}=12.38$ m^2	m^2	12.38	

认识工程量清单计价

DIYIKE
RENSHI GONGCHENGLIANG
QINGDAN JIJIA

1 工程量清单概念

工程量清单是表现拟建工程的分部分项工程项目、措施项目、其他项目名称和相应数量的明细清单。是按照招标要求和施工设计图纸要求规定将拟建招标工程的全部项目和内容,依据统一的工程量计算规则、统一的工程量清单项目编制规则要求,计算拟建招标工程的分部分项工程数量的表格。

2 工程量清单的内容

工程量清单作为招标文件的组成部分,一个最基本的功能是作为信息的载体,以便投标人能对工程有全面充分的了解。以建设部颁发的《房屋建筑和市政基础设施工程招标文件范本》为例,工程量清单主要包括工程量清单说明和工程量清单表两部分。

(1)工程量清单说明

工程量清单说明主要是招标人解释拟招标工程的工程量清单的编制依据以及重要作用,明确清单中的工程量是招标人估算得出的,仅仅作为投标报价的基础,结算时的工程量应以招标人或由其授权委托的监理工程师核准的实际完成量为依据,提示投标申请人重视清单,以及如何使用清单。

(2)工程量清单表

工程量清单表作为清单项目和工程数量的载体,是工程量清单的重要组成部分。

3 工程量清单计价的基本原理

(1) 工程量清单计价的基本方法与程序

工程量清单计价的基本过程可以描述为：在统一的工程量计算规则的基础上，制订工程量清单项目设置规则，根据具体工程的施工图纸计算出各个清单项目的工程量，再根据各种渠道所获得的工程造价信息和经验数据计算得到工程造价。

投标报价是在业主提供的工程量计算结果的基础上，根据企业自身所掌握的各种信息、资料，结合企业定额编制得出的。

$$分部分项工程费 = \sum 分部分项工程量 \times 分部分项工程单价$$

其中分部分项工程单价由人工费、材料费、机械费、管理费、利润等组成，并考虑风险费用。

$$措施项目费 = \sum 措施项目工程量 \times 措施项目综合单价$$

其中措施项目包括通用项目、建筑工程措施项目、安装工程措施项目和市政工程措施项目，措施项目综合单价的构成与分部分项工程单价构成类似。

$$单位工程报价 = 分部分项工程费 + 措施项目费 + 其他项目费 + 规费 + 税金$$

$$单项工程报价 = \sum 单位工程报价$$

$$建设项目总报价 = \sum 单项工程报价$$

(2) 工程量清单计价的操作过程

就我国目前的实践而言，工程量清单计价作为一种市场价格的形成机制，其使用主要在工程招投标阶段。因此工程量清单计价的操作过程可以从招标、投标、评标3个阶段来阐述。

①工程招标阶段。招标单位在工程方案、初步设计或部分施工图设计完成后，即可委托标底编制单位（或招标代理单位）按照统一的工程量计算规则，再以单位工程为对象，计算并列出各分部分项工程的工程量清单（应附有关的施工内容说明），作为招标文件的组成部分发放给各投标单位。在分部分项工程量清单中，项目编号、项目名称、计量单位和工程数量等项由招标单位根据全国统一的工程量清单项目设置规则和计量规则填写。单价与合价由投标人根据自己的施工组织设计以及招标单位对工程的质量要求等因素综合评定后填写。

②投标单位做标书阶段。投标单位接到招标文件后，首先要对招标文件进行透彻

的分析研究,对图纸进行仔细的理解。其次要对招标文件中所列的工程量清单进行审核,审核中,要视招标单位是否允许对工程量清单内所列的工程量误差进行调整决定审核办法。第三,工程量套用单价及汇总计算。工程量单价的套用有两种方法:一种是工料单价法,一种是综合单价法。工料单价法虽然价格的构成比较清楚,但缺点也是明显的,它反映不出工程实际的质量要求和投标企业的真实技术水平,容易使企业再次陷入定额计价的老路。综合单价法的优点是当工程量发生变更时易于查对,能够反映本企业的技术能力、工程管理能力。根据我国现行的工程量清单计价办法,单价采用的是综合单价。

③评标阶段。在评标时可以对投标单位的最终总报价以及分项工程的综合单价的合理性进行评分。在评标时仍然可以采用综合计分的方法或者采用两阶段评标的办法。

4 工程量清单计价的特点

(1)工程量清单计价法的特点和作用

①工程量清单计价方法的特点。与在招投标过程中采用定额计价法相比,采用工程量清单计价方法具有如下一些特点:

a. 满足竞争的需要。

b. 提供了一个平等的竞争条件。

c. 有利于工程款的拨付和工程造价的最终确定。

d. 有利于实现风险的合理分担。

e. 有利于业主对投资的控制。

②工程量清单计价方法对推进我国工程造价管理体制改革的重大作用。

a. 用工程量清单招标符合我国当前工程造价体制改革中"逐步建立以市场形成价格为主的价格机制"的目标。

b. 采用工程量清单招标有利于将工程的"质"与"量"紧密结合起来。

c. 有利于业主获得最合理的工程造价。

d. 有利于标底的管理与控制。

e. 有利于中标企业精心组织施工,控制成本。

③工程量清单计价现阶段存在的主要问题。

a. 企业缺乏自主报价的能力。

b. 缺乏与工程量清单计价相配套的工程造价管理制度。

c. 对工程量清单计价模式本身的认识还有所欠缺。

④为推行工程量清单计价法应该加强的工作。

a. 应当加快施工招标机构的自身建设。

b. 必须加快建设市场中介组织的建设。

c. 加强法律、制度建设和宣传教育工作。

(2) 工程量清单计价与工程招投标、工程合同管理的关系

①工程量清单计价与工程招投标。从严格意义上说，工程量清单计价作为工种独立的计价模式，并不一定用在招投标阶段，但在我国目前的情况下，工程量清单计价作为一种市场定价模式，主要在工程项目的招标投标过程中使用，而估算、概算、预算的编制依然沿用过去的计算方法。因此，工程量清单计价方法又时常被称为工程量清单招标。

②工程量清单计价与合同管理。在招投标阶段运用工程量清单计价办法确定的合同价格需要在施工过程中得到实施及控制，因此，工程量清单计价方法对于合同管理体制将带来新的挑战和变革。

工程量清单计价制度要求采用单价合同的合同计价方式。

工程量清单计价制度中工程量计算对合同管理的影响。

由于工程量清单中所提供的工程量是投标单位投标报价的基本依据，因此其计算的要求相对比较高，在工程量的计算工程中，要做到不重不漏，更不能发生计算错误，否则会带来下列问题：

a. 工程量的错误一旦被承包商发现和利用，则会给业主带来损失。

b. 工程量的错误会引发其他施工索赔。

c. 工程量的错误还会增加变更工程的处理难度。

d. 工程量的错误会造成投资控制和预算控制的困难。

(3) 投标报价中工程量清单计价

①工程量清单计价办法。工程量清单计价包括编制招标标底、投标报价、合同价款的确定与调整和办理工程结算等。

工程量清单计价应包括按招标文件规定完成工程量清单所需的全部费用，通常由分部分项工程费、措施项目费和其他项目费和规费、税金组成。

a. 分部分项工程费是指为完成分部分项工程量所需的实体项目费用。

b. 措施项目费是指分部分项工程费以外，为完成该工程项目施工，发生于该工程

施工前和施工过程中技术、生活、安全等方面的非工程实体项目所需的费用。

c. 其他项目费是指分部分项工程费和措施项目费以外,该工程项目施工中可能发生的其他费用。

d. 工程量变更及其计价。合同中综合单价因工程量变更,除合同另有约定外应按照下列办法确定:

一是:工程量清单漏项或由于设计变更引起新的工程量清单项目,其相应综合单价由承包方提出,经发包人确认后作为结算的依据。

二是:由于设计变更引起工程量增减部分,属合同约定幅度以内的,应执行原有的综合单价;增减的工程量属合同约定幅度以外的,其综合单价由承包人提出,经发包人确认后作为结算的依据。

②工程量清单投标报价的标准格式。工程量清单计价应采用统一格式。工程量清单计价格式应随招标文件发至投标人,由投标人填写。工程量清单计价格式应由下列内容组成:

a. 封面。封面由投标人按规定的内容填写、签字、盖章。

b. 投标总价。投标报价应按工程项目总价表合计金额填写。

c. 工程项目总价表。

d. 单项工程费汇总表。

e. 单位工程费汇总表。

f. 分部分项工程量清单计价表。

g. 措施项目清单计价表。

h. 其他项目清单计价表。

i. 零星工作表。

j. 分部分项工程量清单综合单价分析表。分部分项工程量清单综合单价分析表应由招标人根据需要提出要求后填写。

k. 措施项目费分析表。措施项目费分析表应由招标人根据需要提出要求后填写。

l. 主要材料表。

第 2 课

工程量清单计价费用构成

1 工程量清单计价模式下的费用组成

工程量清单投标价格的费用包括分部分项工程费、措施项目费、其他项目费、规费和税金(图 3.3)。

(1)分部分项工程项目费

工程量清单计价规范规定我国工程量清单计价主要采用综合单价法,每个编码项目费用中包括完成工程量清单中一个规定计量单位项目所需要的人工费、材料费、机械费、管理费和利润,并考虑风险因素而增加的费用。人工费、材料费和机械费,每一项都是由"量"和"价"两个因素组成的,即一个规定计量单位所需要消耗的人工数量、材料数量和机械台班数量以及人工单价、材料单价、机械台班单价所组成的费用。

①人工费。人工费的计算,根据工程量清单"彻底放开价格"和"企业自主报价"的特点,结合我国建设市场现状,人工费的计算方法有如下两种模式:

a. 利用现行的概预算定额的计价模式。根据工程量清单提供的清单工程量,利用现行的概预算定额计算出各个分部分项工程量清单的人工费,然后根据本企业的实力及投标策略,对各个分部分项工程量清单的人工费进行调整,汇总得出整个投标工程的人工费。其计算公式如下:

$$人工费 = \sum (定额人工工日数量 \times 工资综合单价)$$

b. 动态计算模式。动态模式的人工费的计算方法是:首先根据工程量清单提供的清单工程量,结合本企业的人工效率和企业定额,计算出拟投标工程消耗的工日数量;其次结合现阶段本企业的经济、人力、资源状况、工程特点和工程所在地的实际生活水平,计算工日单价;然后根据劳动力来源及人员比例,计算综合工日单价;最后汇总计算整个投标工程的人工费。其计算公式如下:

$$人工费 = \sum（人工工日消耗量 \times 人工综合工日单价）$$

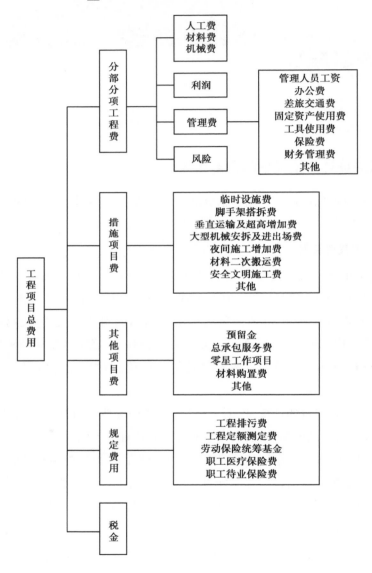

图 3.3　清单费用构成

人工工日消耗量的计算:应根据招标阶段和招标方式确定,招标阶段不同,工程用工量的计算方法不同。目前,建设工程工日消耗量的计算方法通常有两种:一种是指标法;另一种是分析法。指标法:当招标工程处于可行性研究阶段时,工程用工量的计算适宜采用指标法。它是运用建设工程用工指标计算用工量。建设工程用工指标是该投标企业根据历年承包完成的工程项目,按照工程性质、工程规模、建筑结构形式等经济技术指标的控制因素,运用统计方法经过科学分析计算得到的用工指标。分析法:这种方法多用于扩大的初步设计阶段及施工图阶段。分析法计算用工量,最准确的是依据投标企业的内部定额。但是,现阶段我国大多数投标企业没有自己的"内部定额",故建议以现行的国家颁布的建设工程计价定额为基础,结合本企业实际情况进行调整,采用如下计算公式:

$$DR = \frac{R_p}{R_0} \times R$$

式中　　DR——人工工日数;

　　　　R ——采用现行计价定额计算出的人工工日数;

　　　　R_p——完成类似工程本企业消耗的工日数;

　　　　R_0——完成类似工程计价定额规定的人工工日消耗数。

综合工日单价的计算:它又分各专业综合工日单价计算和综合工日单价计算。

各专业综合工日单价计算:

某专业综合工日单价 $= \sum$(本专业某种来源的人力资源单价 × 构成比重)

综合工日单价计算:

综合工日单价 $= \sum$(某专业综合工日单价 × 权重)

其中,权重是根据各专业工日消耗量占总工日数的比重确定。动态的计价模式能够准确计算投标企业承揽拟投标工程所需的人工费,对增强企业投标竞争力,提高企业管理水平及提高企业经济效益具有十分重要的意义。但这种价格计算模式对投标企业要求比较高,要求企业建有自己的内部定额库和企业承建完工历史工程的各种信息资源库。

②材料费。分部分项工程费中的材料费是指建筑施工过程中耗用的构成建设工程实体的各类原材料、零配件、成品及半成品等主要材料的费用,以及建设工程中耗用的虽不构成工程实体但却有利于工程实体形成的各类消耗型材料费的总和。通常采用如下公式计算材料费:

材料费 $= \sum$(材料消耗量 × 材料单价)

a.材料单价是指材料运抵施工现场仓库或堆放点后的出库价格,包括材料原价、供销部门手续费、包装费、采购保管费、运输费、材料检验试验费、材料风险费以及其他费用等。其计算公式如下：

$$材料单价 = （材料原价 + 供销部门手续费 + 包装费 + 运输费）×$$
$$（1 + 采购保管费率）+ 材料检验试验费 + 其他费用 +$$
$$风险费用 - 包装品回收价值$$

b. 材料消耗量一般包括主要材料消耗量、辅助材料消耗量、周转性材料摊销量和低值易耗品。

主要材料消耗量：根据《全国统一建设工程工程量清单计价规范》规定，招标人应在招标书中提供投标人投标报价所用的"工程量清单"。在工程量清单中，已经提供了一部分主要材料的名称、规格、型号、材质及数量，这部分材料应按使用量和消耗量之和计价。

对于工程量清单没有提供的主要材料，投标人应根据工程需要（包括工程特点和工程量的大小），以及本企业以往承担类似工程的经验自主确定，包括材料的名称、规格、型号、材质及数量，材料数量等于工程净用量加上消耗量。

消耗材料消耗量：其确定方法与主要材料的确定方法基本相同，投标企业根据拟投标工程的需要，自主确定其名称、规格、型号、材质及数量等。

周转性材料摊销量：在工程施工过程中，一些材料作为施工措施使用没有构成工程实体，其实物形态也没有改变，但其价值却被分批逐步消耗，这类材料称为周转性材料。周转性材料被消耗掉的价值，应当摊销在相应清单子项的材料费中（注意，计入措施费的周转性材料除外）。摊销的比例应根据材料价值、磨损程度、可被利用的次数等确定。

低值易耗品：在建设工程施工过程中，一些使用年限在规定时间以内，单位价值在规定金额以内的一些工、器具等。在工程量清单"动态计价模式"下，可以按照概预算定额的计价模式处理，也可以把它列入其他费用中，原则是既能增强企业投标报价的竞争力，又不能重复计价。

③施工机械费。指使用机械作业所发生的机械使用费以及机械安、拆和进出场等发生的费用。施工机械费包括折旧费、大修理费、经常修理费、安拆费及场外运输费、机上人工费、燃料动力费及按照规定应缴纳的养路费、车船使用费、保险费、年检费等其他费用。施工机械使用费的计算公式如下：

$$施工机械使用费 = \sum（工程施工中消耗的施工机械台班量 × 机械台班综合$$
$$单价）+ 施工机械进出场费及安装拆除费（不包括大型机械）$$

在工程量清单计价下,大型机械设备使用费、进出场费及安装拆除费用的处理,不同于传统定额的处理模式,大型机械设备使用费作为机械台班使用费,其相应的分项工程项目计入分部分项工程费中,而其进出场、安装拆除等费用列入措施项目费中。

④管理费。指组织施工生产和经营管理所需的费用,包括管理人员工资、办公费、差旅交通费、工具用具使用费、固定资产使用费、保险费、税金、财务费用、其他费用。

按照《全国统一建设工程工程量清单计价规范》管理费的计算,没有规定统一的费率,而是由投标企业根据拟投标工程的特点、本企业实际情况来确定,不再单独计取,而是直接计入综合单价内。这样计算确定管理费,使不同的投标企业具有不同的竞争力。管理费计算公式如下:

$$管理费 = 计算基数 × 施工管理费率$$

其中,管理费率的确定因计算基数不同而有所不同。

以人工费为基数计算:

$$管理费 = 人工费 × 施工管理费率$$

$$施工管理费率 = \frac{生产工人平均管理费}{年有效施工天数 × 人工单价}$$

以人工费、材料费和机械费的合计为基数计算:

$$管理费 = (人工费 + 材料费 + 机械使用费) × 施工管理费率$$

$$施工管理费率 = \frac{生产工人平均管理费}{年有效施工天数 × (人工单价 + 每工日材料费 + 每工日机械使用费)}$$

⑤利润。施工企业完成所承包工程所能获得的盈利。在工程量清单计价模式下,利润不单独反映,而是作为综合单价的一部分分别计入到分部分项工程费、措施项目费和其他项目费中。投标企业在投标报价时,要根据拟投标工程的特点、企业的实力、项目竞争情况等,以发展的眼光确定利润水平使本企业的投标价格既具有竞争力,又能保证其他各方面的利益。利润的计算公式一般如下:

$$利润 = 计算基数 × 利润率$$

实际计算时,可以以"人工费""人工费 + 机械费"或者以"人工费 + 机械费 + 材料费"为基数。

⑥分部分项工程量清单综合单价。分部分项工程量清单的项目内容包括清单项目主项以及主项所综合的工程内容。分部分项工程量清单综合单价按上述五项费用

分别对项目内容计价,合计后形成分部分项工程量清单综合单价。分部分项工程量清单计价,要对清单表内所有的内容计价,形成综合单价,对于清单已列项,但未进行计价的内容,招标人有权认为此价格已包含在其他项目中。

(2)措施项目费

措施项目费是指工程量清单中,除工程量清单项目费用以外,为保证建设工程的顺利实施,按照国家现行有关建设工程施工及验收规范、规程要求,必须配套完成的工程内容所需的费用,包括实体措施费和配套措施费。其金额包括人工费、材料费、机械费、管理费、利润等,需要根据施工组织设计和施工现场的实际情况进行仔细拆分、计算确定。

措施项目清单为可调整清单,投标人对招标人所列项目,可根据企业自身特点和招标项目的具体情况作适当调整。投标人对拟建工程可能发生的措施项目和措施费用要作全面考虑,清单投标报价一经报出,即被认为包括了所有可能发生的项目措施的全部费用。如果报出的清单项目没有列项,而施工中又必须发生的项目,业主有权认为,其已经综合在分部分项工程量清单子项的综合单价内,将来措施项目发生时,投标人不得以任何借口提出索赔和调整。目前,我国的投标企业一般是先将各项措施项目费用的总价先计算出来,再按一定的费用分摊方法,将其分摊到各工程量清单子项单价中去,这就导致了措施费用分摊问题的出现,下一节将对这一问题进行专门的研究。

①实体措施费。指工程量清单中,为保证某类工程实体项目顺利进行,按照现行有关工程施工验收规范、规程要求,必须配套完成的工程内容所需支出的费用。其计算方法有系数计算法和方案分析法两种。

系数计算法:用与措施项目有直接关系的工程项目直接工程费(或人工费,或人工费与机械费之和)合计作为计算基数,乘以实体措施费用系数。实体措施费用系数根据以往本企业承建的有代表性的工程资料,通过计算分析得到。

方案分析法:是通过编制具体的措施方案,对方案所涉及的各种经济技术参数分析计算,确定实体措施费。

②配套措施费。指为保证整个工程项目顺利实施,按照现行有关建设工程施工验收规范、规程要求,必须完成配套工程内容所需的费用。其计算方法也包括系数计算法和方案分析法两种。他们的计算思路基本与实体措施费相似,此处不再赘述。

③其他项目费。其他项目清单由招标人部分、投标人部分两部分内容组成。

a. 招标人部分。一般包括预留金、材料购置费和其他一些项目。

预留金：主要考虑可能发生的清单工程量变化和费用增加而预留的金额。此处提出的工程量变更主要是指工程量清单漏项、计算失误引起工程量的增减和施工中的设计变更引起的标准提高或工程量的增加等。预留金作为工程造价费用的组成部分计入工程造价，但预留金的支付与否、支付额度以及用途，都必须通过监理工程师的批准。

材料购置费：是指业主出于特殊目的或要求，对工程消耗的某类或某几类材料，在招标文件中规定，由招标人采购的拟建工程的材料费。

其他：系指招标人部分可增加的新列项。

预留金、材料采购费应属于招标人的费用，报价时均为估算，虽在投标时计入投标人的投标报价中，但不应视为投标人所有。竣工结算时按中标企业实际完成的工作量按实结算。

b. 投标人部分。清单计价规范中列举了总承包服务费、零星工作费两项内容。投标人部分的清单内容设置，除总承包服务费可单独列项外，其余应该量化的必须量化描述。

总承包服务费包括配合协调招标人进行的工程分包和材料采购所需要的费用。有两点需要说明：

①此处提出的分包是指国家允许的分包工程。如总包单位必须完成主体结构工程，其他专业工程方可分包。

②必须是建设单位将装饰工程或其他专业工程指定发包给其他施工单位时，总包单位方可向建设单位收取因交叉作业而影响的经济补偿费，即总承包服务费。总承包服务费应根据招标人提出要求来确定，零星工作项目费应根据招标文件中的"零星工作项目计划表"确定。其他项目费均按"项"报价，每一项报一个总价。

③规费。政府管理部门规定的必须缴纳的、允许列入工程报价内容的费用，包括工程排污费、工程定额测定费、养老保险统筹基金、待业保险费、医疗保险费等。规费的计算公式如下：

$$规费 = 计算基数 \times 规费费率$$

计算基数（直接工程费、人工费及人工费与机械费之和）不同其对应的规费费率也不同。投标人在投标报价时，规费的计算按国家及有关部门规定的计算公式及费率计算。

④税金。指国家税法规定的应计入建设工程造价内的营业税、城市维护建设税和

教育费附加等费用的总和。税金的计算公式如下：

$$税金 = （税前造价 + 利润）\times 税率$$

税率，按照税法规定。

⑤总价。

$$工程量清单项目直接费 = \sum 分部分项工程量 \times 分部分项工程单价$$

$$措施项目费 = \sum 措施项目工程量 \times 措施项目综合单价$$

$$单位工程报价 = 分部分项工程费 + 措施项目费 + 其他项目费 + 规费 + 税金$$

$$单项工程报价 = \sum 单位工程报价$$

$$建设项目总报价 = \sum 单项工程报价$$

2 工程量清单计价流程

①熟悉招标文件和设计文件。

②核对清单工程量并计算有关工程量。

③参加图纸答疑和查看现场。

④询价，确定人工、材料和机械台班单价。

⑤分部分项工程量清单项目综合单价组价。

⑥分部分项清单计价、措施项目清单和其他项目清单计价。

⑦计算单位工程造价。

⑧汇总单项工程造价、工程项目总造价。

⑨填写总价、封面、装订、盖章。

3 国外工程量清单计价模式

在国外，工程量清单计价法已有上百年历史，发展至今，从其采用的工程造价管理模式看，各国的具体做法不尽相同。学术界对国外工程计价的典型模式已经形成了较为一致的观点，即3种典型计价模式：第一是以美国为代表的北美工程造价管理体系的计价模式；第二是以英国为代表的工料测量体系的计价模式；第三是以日本为代表的工程积算制度的计价模式。

（1）美国的计价模式

美国实行的是高度自由高度竞争的市场经济。美国的建设工程项目分为政府投资项目和私人投资项目，对于政府投资项目，其采取的是一种谁投资谁管理的方式，即由政府投资部门直接管理的模式;对私人工程项目,政府不予干预,只进行政策引导和信息指导,由市场经济规律调节。美国的政府部门不组织制订计价依据,也没有全国统一的计价依据和标准。用来确定工程造价的定额、指标、费用标准等,一般是由各个大型的工程咨询公司制订,各个咨询机构根据本地区具体情况,制订出单位建筑面积的消耗量和基价作为所负责项目的造价估算的标准。此外,美国联邦政府、州政府和地方政府也根据各自积累的工程造价资料,并参考各工程咨询机构有关造价的资料,分别对各自管辖的政府工程项目制订相应的计价标准,以作为项目费用估算的依据。

在美国,由于没有标准统一的工料测量方法,在招标文件中一般不给统一的工程量,美国的承包商依据自身的劳务费用、材料价格、设备消耗、管理费和利润来计算价格,于是每个承包商都要根据图纸计算其工程量,并要求分包商计量分包工程量,提交分包报价汇总来编制标书。美国各企业有完善的合同管理体系和健全的法制体系,以及完善的承包商信誉体系,企业的历史、业绩和信誉是企业赖以生存的重要条件。这一点也正体现了美国的自由型价格模式的特点。

(2)英联邦的计价模式

英国的建设项目包括政府投资工程和非政府投资工程,但就其造价管理而言没有一个正式的管理主体。政府对造价采取不干预政策,造价由市场调节形成。对政府工程,一般由政府相关部门以类似业主的身份组织实施,或委托社会工程造价咨询机构代理实行统一管理,统一建设,并对承包政府工程的承包商实行严格的注册牌照管理;而对于占工程量70%的私人工程,政府则实行积极的"不干预"政策,即对各项目的具体实施过程不加干预只进行间接管理。英国传统的建筑工程计价模式下,一般情况都在招标时附带由业主委托工料测量师编制的工程量清单,其工程量按照 SMM(Standard Method of Measurement of Building Works)规定进行编制、汇兑构成工程量清单,工程量清单通常按分部分项工程划分,工程量清单的粗细程度主要取决于设计深度,与图纸相对应,也与合同形式有关。承包商的估价师参照工程量清单进行成本要素分析,根据其以前的经验,并收集市场信息资料、分发咨询单、回收相应厂商及分包商报价,对每一分项工程都填入单价,以单价与工程量相乘后的金额,再加上其他相关费用构成投标报价。

英国皇家特许测量师学会(RICS)于 1922 年出版了第 1 版的建筑工程量标准计算规则(SMM);后经几次修订出版,于 1988 年 7 月 1 日正式使用其第 7 版,并在英联邦国家中广泛使用。工程量计算规则为工程量清单的编制提供了最基本的依据,是工程量清单计价模式的核心。无论是政府工程还是私人工程,都必须遵照该标准计算规则进行工程量计算,如同国内预算定额中规定的工程量计算规则一样,是法定性文件。

(3)日本的计价模式

日本是典型的市场经济国家,其市场经济模式是以自由市场制度为基础,充分发挥政府作用的政府主导型的市场经济模式。其产业政策的目的是促进有效竞争,淘汰不合格的企业,保护发包人的利益,保证工程质量。为此,对进入建筑市场的建筑企业进行资格审查。通过审查的企业,政府主管部门都对其进行分类分等级注册登记,限定其承包范围。日本将企业分为 28 个工种工程,每种工程分为 A,B,C,D,E 5 个等级,每个等级按一定的经营金额划分和确定营业范围,然后将企业分类排队,在投标竞争中,按企业等级、工程等级、投资规模分类竞争。政府项目和私人投资项目实施不同的管理。对政府投资项目分部门直接对工程造价从调查(规划)开始直至交工实行全过程管理,为把造价严格控制在批准的投资额度内,各级政府都掌握有自己的劳务、材料、机械单价,或利用出版的物价指数编制内部掌握的工程复合单价。而对于私人投资项目政府通过市场管理,用招标办法加以确认。

日本工程计价模式采用日本的工程积算制度,属于量价分离的计价模式。"量"按照建筑积算研究会编制的《建筑数量结算基准》进行积算,单价完全按照市场价格。是量、价分开的定额制度,量是公开的,价是保密的。劳务单价通过银行进行调查取得。材料设备价格由"建筑物价调查会"和"经济调查会"两所专门机构负责定期进行采集、整理和编辑出版。政府和建筑企业利用这些价格制定内部的工程复合单价,即单位估价表。建筑结算研究会制订了"建筑工程清单标准格式"(简称"标准格式")和"建筑数量积算基准"(简称"数量基准"),相当于我国的《建筑工程工程量清单计价规范》。其工程计价的前提是确定数量,即工程量。工程量的计算,按照《建筑数量积算基准》计算规则。该基准被政府公共工程和民间工程广泛采用,所有工程一般先由建筑积算人员按此规则计算出工程量,工程量计算业务以设计图及设计书为基础,对工程数量进行调查、记录和合计,计量、计算构成建筑物的各部分。然后根据材料、劳务、机械器具的市场价格计算出费用,工程费按直接工程费、共通费和消费税等相应数额分别计算。直接工程费根据设计图纸的表示分为建筑工程、电气设备和机械设备工程等,共通费分为共通临时设施费、现场管理费和一般管理费等。

从上面所介绍的美国、英国、日本的工程计价依据与计价模式,我们可以看到,它们都是建立在高度发达的市场经济基础上的,工程造价是依据产品价值规律和市场供求关系决定的。"消耗定额"只作为估算投资和编制标价的依据,在建筑施工过程中实际发生的人工、材料、机械费用,可按市场价格变化随时进行调整,从而合理地确定了建筑工程造价。

4 国内工程量清单计价的基本状况

(1) 我国清单计价规范的指导思想和原则

我国建设工程的工程量清单计价规范在编制过程中遵循的指导思想是:按照政府宏观调控、市场竞争形成价格的要求,创造公平、公正、公开竞争的环境,以建立全国统一的、有序的建筑市场,既要与国际惯例接轨,又要考虑我国现阶段的实际情况。除了上述指导思想,在规范编制过程中还坚持以下原则:

①政府宏观调控、企业自主报价、市场形成价格清单计价规范通过制订统一的项目编码、项目名称、计量单位、工程量计算规则等计价原则、方法与规则,给企业创造自主报价、公平竞争的空间,将属于企业性质的施工方法、施工措施和工料机消耗水平、取费等由企业来确定,给企业定价的自主权。

②与定额预算体系既有联系,又有区别。清单计价规范编制过程中,以现行的"全国统一工程预算定额"为基础,特别在项目划分、计量单位、工程量计算规则等方面,尽可能多地与定额衔接,保留原定额中合理、科学的部分。另外,定额体系中不适应市场竞争和企业自主定价的方面,如定额对施工方法、工艺、对工料机消耗量,以及对取费的种种规定,则被扬弃。

③既考虑我国现状,又尽量与国际惯例接轨。清单计价规范编制过程中,一方面借鉴了世界银行、FIDIC、英联邦国家及香港地区的做法;另一方面也结合我国现阶段的具体情况,如实体项目设置方面,就结合了当前按专业设置的一些情况,有关名称尽量采用国内习惯,措施项目的内容借鉴了部分国外的做法。

(2) 国内关于工程量清单计价的研究状况

自《建设工程工程量清单计价规范》实施以来,很多学者从不同角度探讨了工程量清单计价规范推行过程中存在的问题。王国平、裴健平站在施工企业角度分析了工程量清单计价在实际运用过程存在的问题进行了深入的分析,并给出了相应的对策和建议;苏平、田爱森等从工程量清单推行的角度分析了存在的问题,其中苏平更进一步指出,出现这些问题的主要原因是缺少了一套相应的配套环境,作者就如何营造良好的推行实施工程量清单的计价市场环境提出了一些相应的对策与建议;李跃水、王延树从工程合同价格的确定和控制两个方面入手,深入地剖析了目前清单计价实行过程中存在的一些问题,并提出了一些解决问题的办法和建议。

有些文献探讨了实行工程量清单计价对建筑企业的影响,他们指出实施工程量清单后建筑企业面临更加严酷的市场竞争;报价的自由度大了,但面临的有关"量""价"的风险依然存在;合同履行过程中争端处理的公正性面临考验;业主不切实际和不公正地转移风险。针对上面的这些影响,李娜、王云峰简单给出了一些对策,如认真学习计价规范,建立高素质的投标机构班子、建立企业定额、努力提高自身管理水平和技术水平等。马楠、牛炳昆等从不同的视角阐述了在工程量清单计价规范下建筑企业如何做好投标报价工作,前者从投标前期、投标编制期和投标决策期 3 个阶段入手,而后者从工程量清单计价法在招投标中的应用方法、程序和操作过程入手。另外,有些文献还探讨了工程量清单计价规范下建筑企业常用的投标报价技巧。通过文献研究可以看出,我国专家学者的普遍观点是:实施工程量清单计价规范是一种划时代的进步,其在推行过程中应该借鉴国外的成熟做法,在运用过程中不断学习、总结和深化;同时,还要顾及我国长期以来实行的定额计价模式,做到两种计价模式的顺利过渡。总之,工程量清单计价规范在我国的推行和完善,还需要很长一段路要走。

5 国内外工程量清单计价的区别

(1)工程量计算规则的区别

工程量计算规则包括有分项工程的工作内容、分项工程工程量计算单位、分项工程量计算方法。同一设计图纸在同一技术条件下,在任何地区、任何国家其实物消耗量即人工、材料、施工机械台班应该是一致的。在一个单位工程中只要划分的所有分项工程的实物消耗量包括了单位工程所有的实物消耗量,就能够做到准确计价。因此某个单位工程其分项工程包括的工作内容和工程量计算单位的确定,只要能满足迅速准确地计算工程量即可,并非一成不变不能改动。因此,我国预算定额工程量计算规则完全可以与国外取得一致,关键是工程量计算应完全真实地反映工程建设的工作量。

(2)分项工程单位估价的区别

在市场经济条件下,判断分项工程的单位估价一个重要标准,即是分项工程单位估价能否反映当时社会物价水平。我国有关部门编制的地区分项工程单位估价由于编制期与使用期的时间差,分项工程单位估价中的劳动工资标准和材料预算价格脱离使用时的物价水平,而国外则是通过市场询价,并考虑到工程建设工期内物价变动因素。因此,确定的分项工程单位估价做到了随行就市,符合工程建设时的物价水平。

(3)计价基础和计价依据不同

虽然工程建设国家标准统一定额在颁布时,明确指出,清单报价可以借助于地方定额,也可以利用企业定额进行报价,即采用地方定额和企业定额的双轨制计价模式,但是由于长期以来,我国的建筑企业习惯于利用地方定额进行报价,并且已成为一种定势,建筑企业没有重视企业定额的建立、完善,很多建筑企业没有自己的企业定额,因此,当前清单计价,承包商以统一的地方定额进行报价者居多,采用企业定额报价者少之又少。而传统的地方定额,是从许多典型的个性工程资料中提炼总结出来的共性很强的东西,主要体现不同的承包商之间的共性特点,同时地方定额在编制时,是以社会平均生产水平、平均的劳动、资源消耗水平编制的,以地方定额所确定的施工生产成本实际上是社会平均生产成本,平均生产成本与个体承包商的个体成本是不同的。而美、英、日式计价采用的计价基础是企业定额,企业定额主要体现了不同的承包商、不同项目的个性特点。其计价的清单,项目单价的组成,既体现了严格的,在国际上已经形成共识的游戏规则这样一个共性,又体现了不同承包商的鲜明的个性,是共性与个性的统一体。

(4)标高金的确定主体不同

在国际工程项目中,承包商的报价与成本的差额称为标高金。在国内,报价与成本的差额主要是管理费、利润和税金等部分。虽然名称上存在着差异,但是从内涵上分析,标高金就是我们习惯上所说的管理费、利润和税金。在英式计价中,标高金的确定完全由承包商根据本企业的经营决策、经营目标、建筑市场地竞争状况和各种风险因素综合确定的;而当前的工程量清单计价中,管理费、利润和税金都是由工程造价管理部根据承包商的资质等级、工程项目的特点综合确定的,虽然在新定额中管理费率、利润率实行浮动费率,但是承包商在报价时,不能超过或者低于规定数值的上限和下限。通过对比可知,当前的清单计价与美、英、日式计价,标高金的确定主体不同,其计价标高金由承包商自主决定,而工程建设国家标准统一定额清单计价是由造价管理部门决定。

通过上述分析可知,当前我国清单计价所确定的建筑产品价格在一定程度上仍然是具有政府管制的色彩,价格未能完全体现建筑市场的供给与需求,建筑产品的价格仍然不是供需平衡时的均衡价格。

第 **3** 课

工程量清单

工程量清单是招标文件的组成部分,主要有分部分项工程量清单、措施项目清单和其他项目清单等组成,是编制标底和投标报价的依据,是签订工程合同、调整工程量和办理竣工结算的基础。工程量清单由有编制招标文件能力的招标人或受其委托具有相应资质的工程造价咨询机构、招标代理机构依据有关计价办法、招标文件的有关要求、设计文件和施工现场实际情况进行编制。

1 分部分项工程量清单

(1)分部分项工程量清单包括的内容

分部分项工程量清单应包括项目编码、项目名称、项目特征、计量单位和工程量(图3.4)。

①项目编码。分部分项工程量清单项目编码以五级编码设置,用 12 位阿拉伯数字表示,一、二、三、四级编码为全国统一;第五级编码应根据拟建工程的工程量清单项目名称设置。各级编码代表的含义如下:

a. 第一级表示工程分类顺序码(分二位):建筑工程为 01、装饰装修工程为 02、安装工程为 03、市政工程为 04、园林绿化工程为 05、矿山工程 06。

b. 第二级表示专业工程顺序码(分二位)。

c. 第三级表示分部工程顺序码(分二位)。

d. 第四级表示分项工程项目名称顺序码(分三位)。

e. 第五级表示工程量清单项目名称顺序码(分三位)。

项目编码结构如图 3.4 所示(以安装工程为例)。

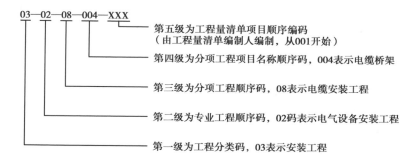

图 3.4　工程量清单项目编码结构

当同一标段（或合同段）的一份工程量清单中占有多个单位工程且工程量清单是单位工程为编制对象时，应特别注意对项目编码10至12位的设置不得有重号的规定。例如，一个标段（或合同段）的工程量清单中含有3个单位工程，每一单位工程中都有项目特征相同的实心砖墙砌体，在工程量清单中又需反映3个不同单位工程的实心砖墙砌体工程量时，则第一个单位工程的实心砖墙的项目编码应为010302001001，第二个电位工程的实心砖墙的项目编码应为010302001002，第三个单位工程的实心砖墙的项目编码应为010302001003，并分别列出各单位工程实心砖墙的工程量。

②项目名称。分部分项工程量清单的项目名称应按计价规范附录的项目名称结合拟建工程的实际确定。计价规范附录表中的"项目名称"为分项工程项目名称，是形成分部分项工程量清单项目名称的基础，在编制分部分项工程量清单时可予以适当调整或细化，例如"墙面一般抹灰"这一分项工程在形成工程量清单项目名称时可以细化为"外墙面抹灰""内墙面抹灰"等。清单项目名称应表达详细、准确。计价规范中的分项工程项目名称如有缺陷，招标人可作补充，并报当地工程造价管理机构（省级）备案。

③项目特征。项目特征是对项目的准确描述，是确定一个清单项目综合单价不可缺少的重要依据，是区分清单项目的依据，是履行合同义务的基础。分部分项工程量清单的项目特征应按"清单计价规范"附录中规定的项目特征，结合技术规范、标准图集、施工图纸，按照工程结构、使用材质及规格或安装位置等，予以详细而准确的表述和说明。凡项目特征中未描述到的其他独有特征，由清单编制人视项目具体情况确定，以准确描述清单项目为准。

在计价规范附录中还有关于各清单项目"工程内容"的描述。工程内容是指完成清单项目可能发生的具体工作和操作程序，但应注意的是，在编制分部分项工程量清单时,工程内容通常无需描述,因为在计价规范中,工程量清单项目与工程量计算规则、工程内容有一一对应关系,当采用计价规范这一标准时,工程内容均有规定。

例如,计价规范在"实心砖墙"的"项目特征"及"工程内容"栏内均包含有"勾缝",但两者的性质完全不同。"项目特征"栏的勾缝体现的是实心砖墙的实体特征,是个名词,体现的是用什么材料勾缝。而"工程内容"栏内的勾缝表述的是操作工序或称操作行为,在此处是个动词,体现的是怎么做。因此,如果需要勾缝,就必须在项目特征中描述,而不能以工程内容中有而不描述,否则,将视为清单项目漏项,而可能在施工中引起索赔。

④计量单位。计量单位应采用基本单位,除各专业另有特殊规定外均按以下单位计量:

a. 以重量计算的项目——吨或千克(t 或 kg)。

b. 以体积计算的项目——立方米(m^3)。

c. 以面积计算的项目——平方米(m^2)。

d. 以长度计算的项目——米(m)。

e. 以自然计量单位计算的项目——个、套、块、樘、组、台……

f. 没有具体数量的项目——宗、项……

各专业有特殊计量单位的,另外加以说明,当计量单位有两个或两个以上时,应根据所编工程量清单项目的特征要求,选择最适宜表现该项目特征并方便计量的单位。

⑤工程数量的计算。工程数量主要通过工程量计算规则计算得到。工程量计算规则是指对清单项目工程量的计算规定。除另有说明外,所有清单项目的工程量应以实体工程量为准,并以完成后的净值计算;投标人投标报价时,应在单价中考虑施工中的各种损耗和需要增加的工程量。

清单计价规范附录中给出了各类别工程的项目设置和工程量计算规则,包括建筑工程、装饰装修工程、安装工程、市政工程、园林绿化工程、矿山工程 6 个部分。

附录 A 为建筑工程工程量清单项目及计算规则,建筑工程的实体项目包括土(石)方工程,桩与地基基础工程,砌筑工程,混凝土及钢筋混凝土工程,厂库房大门、特种门、木结构工程,金属结构工程,屋面及防水工程,防腐、隔热、保温工程。

附录 B 为装饰装修工程工程量清单项目及计算规则,装饰装修工程的实体项目包括楼地面工程,墙、柱面工程,天棚工程,门窗工程,油漆、涂料、裱糊工程,其他工程。

附录 C 为安装工程工程量清单项目及计算规则,安装工程的实体项目包括机械设备安装工程,电气设备安装工程,热力设备安装工程,炉窑砌筑工程,静置设备与工艺金属结构制作安装工程,工业管道工程,消防工程,给排水、采暖、燃气工程,通风空调工程,自动化控制仪表安装工程,通信设备及线路工程,建筑智能化系统设备安装工程,长距离输送管道工程。

附录 D 为市政工程工程量清单项目及计算规则,市政工程的实体项目包括土石方工程,道路工程,桥涵护岸工程,隧道工程,市政管网工程,地铁工程,钢筋工程,拆除工程。

附录 E 为园林绿化工程工程量清单项目及计算规则,园林绿化工程包括绿化工程,同路、同桥、假山工程,同林景观工程。

附录 F 为矿山工程工程量清单项目及计算规则,矿山工程的实体项目包括露天工程和井巷工程。

(2)分部分项工程量清单的标准格式

分部分项工程量清单是指表示拟建工程分项实体工程项目名称和相应数量的明细清单,应包括项目编码、项目名称、项目特征、计量单位和工程量 5 个部分的要件。其格式如表 3.2 所示,在分部分项工程量清单的编制过程中,由招标人负责前 6 项内容填列,金额部分在编制招标控制价或投标报价时填列。

表 3.2 分部分项工程量清单与计价表

工程名称: 标段: 第 页 共 页

序号	项目编码	项目名称	项目特征描述	计量单位	工程量	金 额		
						综合单价	合价	其中:暂估价

分部分项工程量清单的编制应注意以下问题:

①分部分项工程量清单应根据附录规定的项目编码、项目名称、项目特征、计量单位和工程量计算规则进行编制。

②分部分项工程量清单的项目编码,应采用 12 位阿拉伯数字表示。1 至 9 位应按附录的规定设置,10 至 12 位为清单项目编码,应根据拟建工程的工程量清单项目

名称设置,不得有重号。这 3 位清单项目编码由招标人针对招标工程项目具体编制,并应自 001 起顺序编制。

③分部分项工程量清单的项目名称应按附录的项目名称结合拟建工程的项目实际确定。分部分项工程量清单编制时,以附录中的分项工程项目名称为基础,考虑该项目的规格、型号、材质等特征要求,结合拟建工程的实际情况,使其工程量清单项目名称具体化、细化,能够反映影响工程造价的主要因素。

④分部分项工程量清单中所列工程量应按附录中规定的工程量计算规则计算。

⑤分部分项工程量清单的计量单位的有效位数应遵守下列规定:

A. 以"t"为单位,应保留 3 位小数,第 4 位小数四舍五入。

B. 以"m^3""m^2""m""kg"为单位,应保留两位小数,第 3 位小数四舍五入。

C. 以"个""项"等为单位,应取整数。

附录中有两个或两个以上计量单位的,应结合拟建工程项目的实际选择其中一个确定。

⑥分部分项工程量清单项目特征应按附录中规定的项目特征,结合拟建工程项目的实际予以描述,满足确定综合单价的需要。在进行项目特征描述时,可掌握以下要点:

A. 必须描述的内容:

a. 涉及正确计量的内容:如门窗洞口尺寸或框外围尺寸。

b. 涉及结构要求的内容:如混凝土构件的混凝土的强度等级。

c. 涉及材质要求的内容:如油漆的品种、管材的材质等。

d. 涉及安装方式的内容:如管道工程中的钢管的连接方式。

B. 可不描述的内容:

a. 对计量计价没有实质影响的内容如对现浇混凝土柱的高度,断面大小等特征可以不描述。

b. 应由投标人根据施工方案确定的内容:如对石方的预裂爆破的单孔深度及装药量的特征规定。

c. 应由投标人根据当地材料和施工要求确定的内容:如对混凝土构件中的混凝土拌和料使用的石子种类及粒径、砂的种类的特征规定。

d. 应由施工措施解决的内容:如对现浇混凝土板、梁的标高的特征规定。

C. 可以不详细描述的内容:

a. 无法准确描述的内容:如土壤类别,可考虑将土壤类别描述为综合,注明由投标人根据地勘资料自行确定土壤类别,决定报价。

　　b. 施工图纸、标准图集标注明确的:对这些项目可描述为见××图集××页号及节点大样等。

　　c. 清单编制人在项目特征描述中应注明由投标人自定的:如土方工程中的"取土运距""弃土运距"等。

　　⑦编制工程量清单出现附录中未包括的项目,编制人应作补充,并报省级或行业工程造价管理机构备案,省级或行业工程造价管理机构应汇总于住房和城乡建设部标准定额研究所。补充项目的编码由附录的顺序码 B 和 3 位阿拉伯数字组成,并应从×B001起顺序编制,不得重号。工程量清单中需附有补充项目的名称、项目特征、计量单位、工程量计算规则、工作内容。

2 措施项目清单

(1)措施项目列项

　　《建设工程工程量清单计价规范》GB 50500—2008 中将实体项目划分为分部分项工程量清单,非实体项目划分为措施项目。措施项目清单指为完成工程项目施工,发生于该工程施工前和施工过程中技术、生活、文明、安全等方面的非工程实体项目清单。措施项目清单应根据拟建工程的具体情况参照表3.3列项。

表3.3　措施项目一览表

序　号	项目名称
	通用措施项目
1	安全文明施工(含环境保护、文明施工、安全施工、临时设施)
2	夜间施工
3	二次搬运
4	冬雨季施工
5	大型机械设备进出场及安拆
6	施工排水
7	施工降水
8	地上、地下设施,建筑物的临时保护设施
9	已完工程及设备保护

续表

序　号	项目名称
专业措施项目	
建筑工程	
1.1	混凝土、钢筋混凝土模板及支架
1.2	脚手架
1.3	垂直运输机械
装饰装修工程	
2.1	脚手架
2.2	垂直运输机械
2.3	室内空气污染测试
安装工程	
3.1	组装平台
3.2	设备、管道施工安全、防冻和焊接保护措施
3.3	压力容器和高压管道的检验
3.4	焦炉施工大棚
3.5	焦炉烘炉、热态工程
3.6	管道安装后的充气保护措施
3.7	隧道内施工的通风、供水、供气、供电、照明及通信设施
3.8	现场施工围栏
3.9	长输管道临时水工保护措施
3.10	长输管道施工便道管道
3.11	长输管道跨越或穿越施工措施
3.12	长输管道地下管道穿越地上建筑物的保护措施
3.13	长输管道工程施工队伍调遣
3.14	格架式抱杆

序　号	项目名称
市政工程	
4.1	围堰
4.2	筑岛
4.3	便道
4.4	便桥
4.5	脚手架
4.6	洞内施工通风管道、供水、供气、供电、照明及通信设施
4.7	驳岸块石清理
4.8	地下管线交叉处理
4.9	行车、行人干扰增加
4.10	轨道交通工程路桥、市政基础设施施工监测、监控、保护
矿山工程	
6.1	特殊安全技术措施
6.2	前期上山道路
6.3	作业平台
6.4	防洪工程
6.5	凿井措施
6.6	临时支护措施

（2）措施项目清单的标准格式

①措施项目清单的类别。措施项目费用的发生与使用时间、施工方法或者两个以上的工序相关，并大都与实际完成的实体工程量的大小关系不大，如大中型机械进出场及安拆、安全文明施工和安全防护、临时设施等，但是有些非实体项目则是可以计算工程量的项目，典型的是混凝土浇筑的模板工程，与完成的工程实体具有直接关系，并且是可以精确计量的项目，用分部分项工程量清单的方式采用综合单价，更有利于措施费的确定和调整。措施项目中可以计算工程量的项目清单宜采用

分部分项工程量清单的方式编制,列出项目编码、项目名称、项目特征、计量单位和工程量计算规则(表3.4);不能计算工程量的项目清单,以"项"为计量单位进行编制(表3.5)。

表3.4 措施项目清单与计价表(一)

工程名称:　　　　　　　　　　　　标段:　　　　　　　　　　　　第　页　共　页

序号	项目编码	项目名称	项目特征描述	计量单位	工程量	金　额	
						综合单价	合　价

注:本表适用于以综合单价形式计价的措施项目。

表3.5 措施项目清单与计价表(二)

工程名称:　　　　　　　　　　　　标段:　　　　　　　　　　　　第　页　共　页

序号	项目名称	计算基础	费率/%	金额/元
1				
2				
3				

注:本表适用于以"项"计价的措施项目;计算基础可以为"直接费""人工费"或"人工费+机械费"。

②措施项目清单的编制。措施项目清单的编制需考虑多种因素,除工程本身的因素外,还涉及水文、气象、环境、安全等因素。措施项目清单应根据拟建工程的实际情况列项。若出现清单计价规范中未列的项目,可根据工程实际情况补充。

a.措施项目清单的编制依据:

拟建工程的施工组织设计。

拟建工程的施工技术方案。

与拟建工程相关的工程施工规范和工程验收规范。

招标文件。

设计文件。

b.措施项目清单设置时应注意的问题:

参考拟建工程的施工组织设计,以确定环境保护、安全文明施工、材料的二次搬运等项目。

参阅施工技术方案,以确定夜间施工、大型机械设备进出场及安拆、混凝土模板与支架、脚手架、施工排水、施工降水、垂直运输机械等项目。

参阅相关的施工规范与工程验收规范,以确定施工技术方案没有表述,但是为了实现施工规范与工程验收规范要求而必须发生的技术措施。

确定招标文件中提出的某些必须通过一定的技术措施才能实现的要求。

确定设计文件中一些不足以写进技术方案,但是要通过一定的技术措施才能实现的内容。

3 其他项目清单

其他项目清单是指分部分项工程量清单、措施项目清单所包含的内容以外,因招标人的特殊要求而发生的与拟建工程有关的其他费用项目和相应数量的清单。工程建设标准的高低、工程的复杂程度、工程的工期长短、工程的组成内容、发包人对工程管理要求等都直接影响其他项目清单的具体内容,其他项目清单宜按照表3.6的格式编制,出现未包含在表格中内容的项目,可根据工程实际情况补充。

表3.6　其他项目清单与计价汇总表

序号	项目名称	计量单位	金额/元	备　注
1	暂列金额			
2	暂估价			
2.1	材料暂估价			
2.2	专业工程暂估价			
3	计日工			
4	总承包服务费			
	合　　计			

注:材料暂估价进入清单项目综合单价,此处不汇总。

（1）暂列金额

暂列金额是指招标人暂定并包括在合同中的一笔款项。不管采用何种合同形式,其理想的标准是,一份合同的价格就是其最终的竣工结算价格,或者至少两者应尽可能接近。我国规定对政府投资工程实行概算管理,经项目审批部门批复的设计概算是工程投资控制的刚性指标,即使商业性开发项目也有成本的预先控制问题,否则,无法相对准确预测投资的收益和科学合理地进行投资控制。但工程建设自身的特性决定工程的设计需要根据工程进展不断地进行优化和调整,业主需求可能会随工程建设进展出现变化,工程建设过程还会存在一些不能预见、不能确定的因素。消化这些因素必然会影响合同价格的调整,暂列金额正是因这类不可避免的价格调整而设立,以便达到合理确定和有效控制工程造价的目标。设立暂列金额并不能保证合同结算价格就不会出现超过合同价格的情况,是否超出合同价格完全取决于工程量清单编制人对暂列金额预测的准确性,以及工程建设过程是否出现了其他事先未预测到的事件。

暂列金额可按照表3.7的格式列示。

表 3.7 暂列金额明细表

工程名称:　　　　　　　　　　　标段:　　　　　　　　　　第　页　共　页

序号	项目名称	计量单位	暂定金额/元	备　注
1				
2				
3				
合　计				

注:此表由招标人填写,如不能详列,也可只列暂定金额总额,投标人应将上述暂列金额计入投标总价中。

(2)暂估价

暂估价是指招标阶段直至签订合同协议时,招标人在招标文件中提供的用于支付必然要发生但暂时不能确定价格的材料以及专业工程的金额,包括材料暂估单价、专业工程暂估价;暂估价类似于 FIDIC 合同条款中的 Prime Cost Items,在招标阶段预见肯定要发生,只是因为标准不明确或者需要由专业承包人完成,暂时无法确定价格。暂估价数量和拟用项目应当结合工程量清单中的"暂估价表"予以补充说明。为方便合同管理,需要纳入分部分项工程量清单项目综合单价中的暂估价应只是材料费,以方便投标人组价。

专业工程的暂估价一般应是综合暂估价,应当包括除规费和税金以外的管理费,利润等取费。总承包招标时,专业工程设计深度往往是不够的,一般需要交由专业设计人设计。国际上,出于提高可建造性考虑,一般由专业承包人负责设计,以发挥其专业技能和专业施工经验的优势。这类专业工程交由专业分包人完成是国际工程的良好实践,目前在我国工程建设领域也已经比较普遍。公开透明地合理确定这类暂估价的实际开支金额的最佳途径就是通过施工总承包人与工程建设项目招标人共同组织的招标。

暂估价可按照表3.8、表3.9的格式列示。

表3.8　材料暂估价表

工程名称:　　　　　　　　　　标段:　　　　　　　　　　第　页　共　页

序号	材料名称、规格、型号	计量单位	单价/元	备　注
1				
2				

注:①此表由招标人填写,并在备注栏说明暂估价的材料拟用在哪些清单项目上,投标人应将上述材料暂估单价计入工程量清单综合单价报价中。

②材料包括原材料、燃料、构配件以及按规定应计入建筑安装工程造价的设备。

表3.9　专业工程暂估价表

工程名称:　　　　　　　　　　标段:　　　　　　　　　　第　页　共　页

序号	工程名称	工程内容	金额/元	备　注
1				
2				
合　计				

注:此表由招标人填写,投标人应将上述专业工程暂估价计入投标总价中。

(3)计日工

计日工是为了解决现场发生的零星工作的计价而设立的。国际上常见的标准合同条款中,大多数都设立了计日工(Day work)计价机制。计日工对完成零星工作所消耗的人工工时,材料数量、施工机械台班进行计量,并按照计日工表中填报的适用项目的单价进行计价支付。计日工适用的所谓零星工作一般是指合同约定之外的或者因变更而产生的、工程量清单中没有相应项目的额外工作,尤其是那些难以事先商定价格的额外工作。

计日工可按照表3.10的格式列示。

表3.10 计日工表

工程名称：　　　　　　　　　　标段：　　　　　　　　　第 页 共 页

序号	工程名称	单 位	暂定数量	综合单价	合 价
一	人工				
1					
2					
人工小计					
二	材料				
1					
2					
材料小计					
三	施工机械				
1					
2					
施工机械小计					
总 计					

注：此表项目名称、数量由招标人填写，编制招标控制价时，单价由招标人按有关规定确定；投标时，单价由投标人自主报价，计入投标总价中。

（4）总承包服务费

总承包服务费是为了解决招标人在法律法规允许的条件下进行专业工程发包以及自行供应材料设备并需要总承包人对发包的专业工程提供协调和配套服务，对供应的材料、设备提供收发和保管服务以及进行施工现场管理时发生并向总承包人支付的费用。招标人应预计该项费用并按投标人的投标报价向投标人支付该项费用。

总承包服务费按照表3.11的格式列示。

表 3.11 总承包服务费计价表

工程名称： 标段： 第 页 共 页

序号	项目名称	项目价值/元	服务内容	费率/%	金额/元
1	发包人发包专业工程				
2	发包人供应材料				
合　计					

4 规费税金项目清单

规费项目清单应按照下列内容列项：工程排污费；工程定额测定费；社会保障费，包括养老保险费、失业保险金、医疗保险费；住房公积金；危险作业意外伤害保险。出现未包含在上述规范中的项目，应根据省级政府或省级有关权力部门的规定列项。

税金项目清单应包括以下内容：营业税，城市建设维护税，教育费附加。如国家税法发生变化，税务部门依据职权增加了税种，应对税金项目清单进行补充。

规费、税金项目清单与计价表（表 3.12）。

表 3.12 规费、税金项目清单与计价表

工程名称： 标段： 第 页 共 页

序号	项目名称	计算基础	费率/%	金额/元
1	规费			
1.1	工程排污费			
1.2	社会保障费			
（1）	养老保险费			
（2）	失业保险费			
（3）	医疗保险费			
1.3	住房公积金			
1.4	危险作业意外伤害保险			
1.5	工程定额测定费			
2	税金	分部分项工程费 + 措施项目费 + 其他项目费 + 规费		
合　计				

注：根据建设部、财政部颁布的《建筑安装工程费用组成》（建标〔2003〕206 号）的规定，"计算基础"可为"直接费""人工费"或"人工费 + 机械费"。

专题：关于建筑面积

（1）建筑面积的意义

建筑面积是指建筑物外墙勒脚以上所包围的各层水平投影面积的总和。它是衡量房屋工程建设规模的重要指标，也是建筑工程主要特征值。建筑面积在控制建设规模和进行方案比较等方面，具有广泛的重要作用。建筑面积的主要作用，具体表现在以下几个方面：

①建筑面积是控制设计规模的依据。计划任务书所核准的建筑面积指标，是初步设计（或扩初设计）、技术设计及施工图设计的控制指标。按规定误差不得超过5％，否则，必须重新报批计划任务书。

②建筑面积是选择和比较设计方案的标准。房屋的平面尺寸和形状，与建筑面积的大小密切相关，而总图及各层的平面布置，是以建筑物平面尺寸和形状为基础的。因此，各种设计方案的拟定和比较，必然要以建筑面积为选择标准。

③建筑面积是计算各种技术经济指标的基础。在建筑工程技术经济指标中，造价、工料耗量、工程量等单项指标，以及各种面积系数（占地、容积、有效、居住系数等），都是以建筑面积为基础进行计算的。

④建筑面积是工程建设概（预）算编制中一项不可缺少的实用指标。概算指标以建筑面积为计量单位；用概算指标编制设计概算，也要以建筑面积为计算基础。在某些分项工程量计算与套价中，也需要用建筑面积来校核或作基数。

因此，按照规定标准（"计算规则"）正确计算建筑面积，在工程建设预算编制中，具有十分重要的意义。

（2）建筑面积计算规则

为使建筑面积的计算标准化和规范化，国家对建筑面积的计算作出了统一规定。国家经委基本建设办公室于1982年11月12日以（82）经基设字58号文，颁布了《建筑面积计算规则》，建设部于1995年发布了部颁标准 GJDG42-101-95《建筑面积计算规则》。两个"规则"基本规定一致，后者对"室外楼梯"和"变形缝"等作了补充规定。在学习"规则"全文的基础上，归纳计算要点如下：

①建筑面积等于外墙勒脚以上水平投影面积

a. 不包括突出墙面的"壁柱"（墙垛），不含外墙面粉刷层厚度。

b. 凡高低联跨的单层房屋，其交界（共用）墙、柱计入高房一侧。

c. 地下建筑物按上口外墙面以内的水平面积计算,不含采光井、防潮层和保护墙。

d. 如利用层高大于 2.2 m 的地下深基架空层,按外墙面积的 50% 计算。

e. 对于货棚、车棚、站台、大型雨篷、凉棚等,凡有边柱的按柱外围水平投影全面积计算;无柱或只有独立柱的,按顶盖水平投影面积的 50% 计算。

f. 房屋的阳台、挑廊,封闭式按水平投影全面积计算;凹式或挑式按水平投影面积的 50% 计算。

g. 室外楼梯:1982 年规定室内无楼梯,作为主要通道者,按其全部水平投影面积计算;室内有楼梯,则按水平投影面积的 50% 计算。1995 年规定一律按自然层水平投影全面积计算。

h. 墙外走廊、檐廊:有柱和顶盖者按柱外边线水平投影全面积计算;无柱有顶盖者按顶盖外围水平投影面积的 50% 计算。

i. 架空通廊:有顶盖按结构外边线水平投影面积计算;无顶盖按其结构水平投影面积的 50% 计算。

j. 1995 年规定:宽度 $b \leqslant 300$ mm 的建筑物内变形缝,计算建筑面积时不扣除;宽度 $b > 300$ mm 的变形缝,不计算建筑面积。

②多层建筑物的建筑面积,为各层(层高 $H > 2.2$ m)建筑面积的总和

a. 层高 $H > 2.2$ m 的技术层(如电缆层、管道层、夹层等),要计算全面积。

b. 室内的电梯井、吊物井、垃圾道、垂直管线井、楼梯间等,包含在各层面积内不扣除(层数 × 面积)。

③不计算建筑面积的范围

a. 室外台阶、散水、斜坡、勒脚、墙垛、爬梯、无柱雨棚、遮阳板等。

b. 层高 $H \leqslant 2.2$ m 的技术层和利用的基础架空层。

c. 室外操作平台、料台,无防护的屋顶水箱,舞台的天桥、挑台。

d. 宽度 $b > 300$ mm 的变形缝。

④烟囱、烟道、油罐、水塔、储水池、储仓、地下人防坑道等构筑物。

问题思考

①仔细阅读和理解有关定额的《工程量计算规则》。试分析建筑装饰和室内装饰工程中毛面积、净面积、展开面积、洞口面积、框外围面积、水平投影面积、垂直投影面积、折算面积等含义、计算方法和适用条件。

②如何计算拆除工程、脚手架的工程量?

第四章

环境艺术工程施工图预算

HUANJING YISHU GONGCHENG
SHIGONGTU YUSUAN

No.4

互动体验

■ 某大楼装饰装修工程施工图预算编制实例（案例来源：百度文库）

（1）工程概况

某大楼装饰装修工程，其主要功能为商住；层数 3 层；混合结构。工程内容及材料见表 4.1、表 4.2。

表 4.1 门窗统计表

序号	编号	数量	规格/mm（宽×高）	材 料	备 注
1	门				
	M—1	1	3 000×2 700	铝合金	铝合金弹地门
	M—2	13	1 000×2 100	木质	平开夹板门无亮
	M—3	10	800×2 100	塑钢	平开塑钢门
	M—4	1	1 000×2 100	钢	平开钢防盗门
	M—5	1	12 000×3 500	铝合金	网状铝合金卷闸门
2	窗				
	C—1	4	3 520×2 300		固定玻璃窗
	C—2	9	1 800×1 500	铝合金	双扇推拉铝合金窗
	C—3	8	600×1 500	铝合金	单扇平开铝合金窗
	C—4	4	3 360×1 500	铝合金	六扇推拉铝合金窗
	C—5	4	1 500×1 500	铝合金	双扇推拉铝合金窗
	C—6	6	3 520×1 500	铝合金	六扇推拉铝合金窗
	C—7	4	1 800×1 500	不锈钢	不锈钢防盗窗
	C—8	4	600×1 500	不锈钢	不锈钢防盗窗

表4.2　某大楼装饰装修工程室内装饰材料表

序号	名　称	地　面	踢　脚	墙面	顶　棚	备　注
1	一楼营业大厅	贴 800 mm × 800 mm 大理石地面砖	150 mm 高，10 mm 厚大理石板	刷乳胶涂两遍	装配 U 形轻型钢龙骨（600 mm × 600 mm）贴纸面石膏板	见具体装饰图
		其他略				

（2）工程量计算书

①门窗及孔洞统计表（表4.3）。

表4.3　门窗及孔洞统计表

序号	名称及编号	数量	规格/mm（宽×高）	每樘面积/m²	总面积/m²	备　注
1	M-1 铝合金弹地门	1	3 000 × 2 700	8.10	8.10	一楼大厅
2	M-2 平开夹板门无亮	13	1 000 × 2 100	2.10	27.30	二楼,三楼
3	M-3 平开塑钢门	10	800 × 2 100	1.68	16.80	二楼
4	M-4 平开钢防盗门	1	1 000 × 2 100	2.10	2.10	一楼
	其他略					

②工程量计算表（表4.4）。

表4.4　工程量计算表

工程名称:某大楼装饰装修工程

序号	分项工程名称	单位	数　量	计算式
一	楼地面工程			
1	水箱盖面粉水泥砂浆	m²	10.695	3.65 × 2.93

序号	分项工程名称	单位	数 量	计算式
2	石材楼地面	m²	88.264	$8.54 \times 9.86 + 0.46 \times 4.486 + (1.26 - 0.46) \times$ $4.86 \div 2 - 0.13 \times 0.46 \times 2$
	其他略			
二	墙、柱面工程			
3	墙面一般抹灰	m²	1 343.207	$(7.56 \times 2 + 6.58 \times 2) \times 3.14 \times 4 + (4.18 \times 2 +$ $6.68 \times 2) \times 2.78 \times 10 + (6.86 \times 2 + 6.54 \times 2) \times$ $2.78 \times 6 - 2.65 \times 2.2 - 1.8 \times 1.5 - 8.1 - 27.3 -$ $1.68 \times 10 - 2.1$
4	块料墙面	m²	63.512	$(8 \times 2 + 4.86 + 4.86 \times 1.04) \times 2.78 - 2.65 \times$ $2.2 - 1.8 \times 1.5$
	其他略			
三	顶棚工程			
5	格栅吊顶	m²	49.712	$(9.03 + 10.84) \times (7.54 + 0.46) \div 2 + (4.65 +$ $0.465 + 5.06 + 0.13) \times (1.26 - 0.46) \div 2 -$ 33.89
6	格栅吊顶	m²	26.68	$7.54 \times 4.86 + 0.46 \times 4.86 + (1.26 - 0.46) \times$ $4.86 \div 2 - 14.144$
	其他略			
四	门窗工程			
7	铝合金弹地门	m²	8.1	8.1
8	平开夹板门无亮	m²	27.30	2.1×13
	其他略			
五	油漆、涂料、糊裱工程			
9	外墙门窗套刷外墙漆	m²	7.42	$(2 \times 1.7 - 1.8 \times 1.5) \times 9 + (0.8 \times 1.7 - 0.6 \times$ $1.5) \times 8 - (1.7 \times 1.7 - 1.5 \times 1.5) \times 4$
	其他略			

③工程量汇总表(表4.5)。

表4.5　工程量汇总表

序号	分项工程名称	单位	数量	计算式
一	楼地面工程			
1	水箱盖面粉水泥砂浆	m²	10.695	
2	石材楼地面	m²	88.264	
	其他略			
二	墙、柱面工程			
3	地面一般抹灰	m²	1 343.207	
4	块料墙面	m²	63.512	
	其他略			
三	顶棚工程			
5	格栅吊顶	m²	162.401	49.712 + 26.68 + 60.88 + 25.129
6	顶棚抹灰	m²	123.607	
	其他略			
四	门窗工程			
7	铝合金弹地门	m²	8.1	8.1
8	平开夹板门无亮	m²	27.30	2.1 × 13
	其他略			
五	油漆、涂料、糊裱工程			
9	外墙门窗套刷外墙漆	m²	38.395	7.42 + 18.562 + 12.413
	其他略			

140

根据相关的定额和企业的预算模板,套用上一阶段计算的工程量,进行该工程的施工图预算编制。

经过前面的知识的积累和实践的操作,同学们已经具备施工图预算的一些基本技能,通过该项目的再次互动,让大家进一步巩固前面的知识,渐入环境艺术工程预算的佳境。

(3)**工程预算书**

①装饰工程预算书封面(表4.6)。

表4.6　装饰工程预算书封面

装饰工程造价预算书		编号:
建设单位:_____	单位工程名称:<u>某大楼装饰装修工程</u>	建设地点:_____
施工单位:_____	施工单位取费等级:_____	工程类别:_____
工程规模:_____	工程造价:　<u>181 183.157 3 元</u>	单位造价:_____
建设(监理)单位:_____		施工(编制)单位:_____
技术负责人:_____		技术负责人:_____
审核人:		编制人:
资格证章:_____		资格证章:_____
年　月　日		年　月　日

②审核意见表(表4.7)。

表4.7　审核意见表

审批单位审查意见	建设(监理)单位审核意见	施工单位对审核结果的意见

③编制说明(表4.8)。

表4.8　编制说明

编制依据	施工图号	
	合　同	某工程施工合同
	使用定额	全国统一建筑装饰装修工程消耗量定额(GUD—901—2002)
	材料价格	某地区市场价格
	其　他	取费费率按某地区取费标准执行

说明:
1. 本预算未包括下列工程内容:
(1)材料的垂直运输费用,发生时按实计算。
(2)施工场地入场前的清理、打扫等辅助费用。
(3)各种配合费用。
2. 施工企业取费按工程类别费用核定的四类工程计算各项费用。
3. 材料价格按现行市场价格执行,结算时进行调整。

④装饰工程费用计算表(表4.9)。

表4.9　装饰工程费用计算表

工程名称:某大楼装饰装修工程

序号	费用名称	计算公式	规定费率/%	金额/元
一	直接费	1+5		143 598.12
1	直接工程费	2+3+4		129 223.68
2	直接工程费人工费	见"工程计价表"		29 859.64
3	直接工程费材料费	见"工程计价表"		90 954.56
4	直接工程机械费	见"工程计价表"		8 409.48
5	措施费	见"措施项目费计价表"		14 374.44
6	措施费中人工费	见"措施项目费计价表"		9 474.95
7	人工费小计	2+6		39 334.59
二	间接费	8+9		23 207.408 1
8	规费	(7)×规定费率	26.5	10 423.666 35
9	企业管理费	(7)×规定费率	32.5	12 783.741 75
三	利润	(7)×规定费率	21.35	8 397.934 965
四	税金	[(一)+(二)+(三)]×规定费率	3.413	5 979.694 194
五	工程造价	(一)+(二)+(三)+(四)		181 183.157 3

⑤工程计价表（表4.10）。

工程名称：某大楼装饰装修工程

表4.10　工程计价表

序号	定额编号	项目名称	单位	工程量	直接工程费	人工费	材料费	机械费	费用分析	名称	单位	定额耗量	合计耗量	市场单价	合价
1	1—0267	抹灰面油漆	m²	42.815	1 433.02	309.124	1 123.894		人工	综合人工	工日	0.173	7.395	41.8	309.11
									材料	耐水成品腻子		0.058	2.5	10.50	26.25
										乳胶漆面漆		0.008	0.353	20.00	7.06
										乳胶漆底漆		0.003	0.136	17.00	2.31

⑥措施项目费用分析表（表4.11）。

表4.11 措施项目费用分析表

序号	定额编号	项目名称	单位	工程量	直接工程费	人工费	材料费	机械费	费用分析	名称	单位	定额耗量	合计耗量	市场单价	合价
1	7—008	综合脚手架多层建筑物（层高在3.6m以内）檐口高	m²	500	3 272.82	2 620.5	608.815	43.505	人工	综合工日	工日	0.093 6	46.8	45	2 106
									材料	回转扣件	kg	0.006 9	3.45	3.8	13.11
										对角扣件	kg	0.004 5	2.25	3.8	8.55
										直角扣件	kg	0.018 3	91.5	3.8	347.7
										脚手架底座	kg	0.004 3	2.15	3.8	8.17
										竹架板	m²	0.023 7	11.85	14.2	168.27
										焊接钢管	kg	0.100 6	50.3	3.8	191.14
										防锈漆	kg	0.008 7	4.35	13.5	58.725
										其他材料费	%	1.36		1.36	1.36
									机械	载重汽车6 t	台班	0.000 2	0.124 3	350	43.505
其他略															

⑦措施项目费计价表(表4.12)。

表4.12　措施项目费计价表

序号	措施项目名称	措施项目费用/元	措施项目费用中的人工费/元	计算式
1	安全文明施工费	4 864.24	3 689.25	直接工程费×1.98%
2	综合脚手架多层建筑物(层高在3.6 m以内)檐口高度在20 m以内	3 272.82	2 620.5	见"措施项目费分析表"
3	综合脚手架外墙脚手架翻挂安全网增加费用	594.88	268.22	见"措施项目费分析表"
	安全过道	1 159.88	581.84	见"措施项目费分析表"
	垂直运输机械	1 688.56	368.56	见"措施项目费分析表"
	冬雨期施工增加费	2 794.06	1 946.58	直接工程费×1%
	合　计	14 374.44	9 474.95	

⑧主要材料汇总表(表4.13)。

表4.13　主要材料汇总表

序号	材料名称	单位	单位/元	数量
1	水泥42.5	kg	0.29	33 816.400
2	水泥52.5	kg	0.36	2 702.550
3	白水泥	kg	0.38	70.080
4	粗净砂	m³	35.79	0.145
5	粗净砂	m³	35.79	31.672
6	中、粗砂(天然砂综合)	m³	50.51	0.276
7	中净砂(过筛)	m³	34.99	68.650
8	石灰膏	m³	132.92	8.430
9	钢防盗门	m²	571.43	2.100
10	网状铝合金卷闸门	m²	200	42.00
	其他略			

第 1 课

施工图预算概述

1 施工图预算的基本概念

施工图预算是在施工图设计完成后,工程开工前,根据已批准的施工图纸、现行的预算定额、费用定额和地区人工、材料、设备与机械台班等资源价格,在施工方案或施工组织设计已大致确定的前提下,按照规定的计算程序计算直接工程费、措施费,并计取间接费、利润、税金等费用,确定单位工程造价的技术经济文件。

按以上施工图预算的概念,只要是按照工程施工图以及计价所需的各种依据,在工程施工前所计算的工程价格,均可称为施工图预算价格。该施工图预算价格既可以是按照政府统一规定的预算单价、收费标准、计价程序计算而得到的属于计划或预期性质的施工图预算价格,也可以是通过招标投标法定程序后施工企业根据自身的实力即企业定额、资源市场单价以及市场供求及竞争状况计算得到的反映市场性质的施工图预算价格。

2 施工图预算的作用

施工图预算作为建设工程假设程序中一个重要的技术经济文件,在工程建设实施过程中具有十分重要的作用,可以归纳为以下几个方面:

(1)施工图预算对投资方的作用

①施工图预算是控制造价及资金合理使用的依据。施工图预算确定的预算造价是工程的计划成本,投资方按施工图预算造价筹集建设资金,并控制资金的合理使用。

②施工图预算是确定工程招标控制价的依据。在设置招标控制价的情况下,建筑安装工程的招标控制价可按照施工图预算来确定。招标控制价通常是在施工图预算的基础上考虑工程的特殊施工措施、工程质量要求、目标工期、招标工程范围以及自然

条件等因素进行编制的。

③施工图预算是拨付工程款及办理工程结算的依据。

(2)施工图预算对施工企业的作用

①施工图预算是建筑施工企业投标时"报价"的参考依据。在激烈的环境艺术工程市场竞争中,环境艺术工程施工企业需要根据施工图预算造价,结合企业的投资策略,确定投标报价。

②施工图预算是环境艺术工程预算包干的依据和签订施工合同的主要内容。在采用总价合同的情况下,施工单位通过与建设单位的协商,可在施工图预算的基础上,考虑设计或施工变更后可能发生的费用与其他风险因素,增加一定系数作为工程造价一次性包干。同样,施工单位与建设单位签订施工合同时,其中的工程价款的相关条款也必须以施工图预算为依据。

③施工图预算是施工企业安排调配施工力量,组织材料供应的依据。施工单位各职能部门可根据施工图预算编制劳动力供应计划和材料供应计划,并由此做好施工前的准备工作。

④施工图预算是施工企业控制工程成本的依据。根据施工图预算确定的中标价格是施工企业收取工程款的依据,企业只有合理利用各种资源,采取先进技术和管理方法,将成本控制在施工图预算价格以内,企业才会获得良好的经济效益。

⑤施工图预算是进行"两算"对比的依据。施工企业可以通过施工图预算和施工预算的对比分析,找出差距,采取必要的措施。

(3)施工图预算对其他方面的作用

①对于工程咨询单位来说,可以客观、准确地为委托方作出施工图预算,以强化投资方对工程造价的控制,有利于节省投资,提高建设项目的投资效益。

②对于工程造价管理部门来说,施工图预算是其监督检查执行定额标准、合理确定工程造价、测算造价指数及审定工程招标控制价的重要依据。

3 施工图预算的内容

施工图预算的主要内容为:

①编制说明:包括工程概况、施工条件分析、编制依据、主要指标及其他有关问题说明等内容。

②主要技术经济指标(表4.14)。

表4.14 主要技术经济指标

序号	项 目	单位	数量	单位指标	备 注

③预算费用计算表(表4.15)。

表4.15 单位工程概(预)算费用汇总表

序号	费用名称	金额/元	计算式

④工程项目预算表及主材费计算表(表4.16至表4.19)。

表4.16 建筑工程预(概)算表

序号	单位估价号	工程或费用名称	计算单位	数 量	预(概)算价值/元	
					单 价	总 价

表4.17 设备及安装工程预(概)算表

序号	价目表名称及定额编号	设备及安装工程名称	工程量	计量单位	预(概)算价值/元						
					单位价值			总价值			
					主材设备	安装单价		主材设备费	安装工程费		
						基价	其 中		合计	其 中	
							人工	机械			人工费	机械费

148

表4.18　建筑装饰工程预算表

序号	定额编号	工程项目	工程量	计量单位	单位价值/元			预算价值/元			备　注
					基价	其　中		总价	其　中		
						人工	机械		人工费	机械费	

表4.19　主材费预算费用计算表

序号	定额编号	工程项目	工程量	计量单位	主材费分析计算							备　注
					名称	规格	单位	定额指标	消耗量	单价	主材费/元	

⑤主要材料汇总表、构配件清单、甲方供料清单等(表4.20、表4.21)。

表4.20　主要建筑材料表

序号	材料名称＼工程名称	钢筋/t	型钢/t	水泥/t	原木/m³	铸铁管/t	钢管/t

表4.21　建筑装修材料、构配件设备明细表

序号	材料、构配件设备名称	规　格	单位	数量	备　注

⑥附件。

a. 工程量计算表(表4.22)。

表4.22　工程量计算表

序号	工程项目(或编号)	计算式(或说明)	计量单位	数量	备　注

b. 工料分析表(表4.23)。

表4.23　工料分析计算表

序号	定额编号	工程项目	工程量	计算单位	水泥/kg		钢材/kg		木材/m²		( )		( )	
					定额	耗量	定额	耗量	定额	耗量	定额	耗量	定额	耗量

c. 其他资料。

施工图预算的具体内容,应根据实际工程特点、预算的专业要求、当地文件规定的不同而适当增减。各种表格的格式与内容,也可适当调整。

第 **2** 课

施工图预算的编制和审查

1 施工图预算的编制依据

　　由于施工图预算所处的重要地位,受到各个方面的重视,对其审核也较严格。施工图预算的编制,要本着实事求是的精神,认真、仔细地逐项计算。各种计算列式必须符合当地现行规定,要查有所据。施工图预算的编制依据主要包括:

　　①工程施工图及标准图集。这些资料是划分定额计价项目、计算分项工程量和分析施工条件的基础资料。

　　②现行预算定额或地区单位估价表。用于套算主材耗量、定额直接费基价及其组成的人工费、机械费基价,也是工料分析的标准。

　　③当地工资标准、材料和机械台班预算价格。作为制订与补充单位估价表和确定部分主材价格的根据,也是确定各项调整系数的依据。

　　④主体设备和主要材料的采购价格和市场价格及其运费。为确定设备、主材预算单价提供依据。

　　⑤现行费率及有关文件规定。这些政策性规定是计算间接费、独立费、材差、税金等预算费用的依据。

　　⑥其他资料。如现场调查资料、五金手册、产品目录、数学手册等,都可为编制预算提供方便。

　　上述资料在具体工程中,要与预算编制对象相对应。作为预算人员,要善于收集和整理与编制预算有关的各方面资料。

❷ 施工图预算编制的两种模式

(1) 传统定额计价模式

我国传统的定额计价模式是采用国家、部门或地区统一规定的预算定额、单位估价表、收费标准、计价程序进行工程造价计价的模式，通常也称为定额计价模式。由于清单计价模式中也要用到消耗量定额，为避免歧义，此处称为传统定额计价模式，它是我国长期使用的一种施工图预算的编制方法。

在传统的定额计价模式下，国家或地方主管部门颁布工程预算定额，并且规定了相关取费标准，发布有关资源价格信息。建设单位和施工单位均先根据预算定额中规定的工程量计算规则、定额单价计算直接工程费，再按照规定的费率和收费程序计算间接费、利润和税金，汇总得到工程造价。

即使在预算定额从指令性走向指导性的过程，虽然预算定额中的一些因素可以按市场变化作一些调整，但其调整（包括人工、材料和机械价格的调整）也都是按造价管理部门发布的造价信息进行，造价管理部门不可能把握市场价格的随时变化，其公布的造价信息与市场实际价格信息总有一定的滞后与偏离，这就决定了定额计价模式的局限性。

(2) 工程量清单计价模式

工程量清单计价模式是招标人按照国家统一的工程量清单计价规范中的工程量计算规则提供工程量清单和技术说明，由投标人依据企业自身的条件和市场价格对工程量清单自主报价的工程造价计价模式。

工程量清单计价模式是国际通行的计价方法，为了使我国工程造价管理与国际接轨，逐步向市场化过渡，我国于 2003 年 7 月 1 日开始实施国家标准《建设工程工程量清单计价规范》（GB 50500—2003），并于 2008 年 12 月 1 日进行了修订。

❸ 施工图预算的编制程序

(1) 收集基本资料

预算编制中，基本资料是重要依据。主要内容包括以下 5 个方面：

①施工图、设计文件、设计变更、图纸会审记录、有关的标准图集。

②现行预算定额、单位估价表、价目表、间接费定额、预算费用定额、当地有关文件和执行规定。

③设备和材料预算价格、市场价格资料、现行运输费用标准。

④预算手册、材料手册、有关设备产品说明、常用计算公式及数据。

⑤施工现场调查资料、其他有关资料等。

（2）熟悉施工图和现场情况

必须了解有关专业设计图的图例、标注、代号、画法等含义，从而能迅速识读预算编制对象的工程施工图及套用的标准图集。要了解设计意图和工程全貌（土建、安装、装饰之间的关系）；要深入现场，分析施工条件，善于发现问题，确定施工技术措施；要逐条核对设计变更与图纸会审记录的内容，在施工图上作出标记。

（3）分项计算工程量

工程量是计算直接费的基础，而直接费则是确定工程造价的基数。因此，按照有关计算规则，依据施工图正确计算工程量，是预算编制的中心环节。预算编制中，工程量计算的工作量较大，耗时较多，也容易出现差错。所以，必须按定额分清项目、写出算式、注明来源、列出表格（表4.22），以便核查，防止重项和漏项。通过仔细复核，做到计算准确。

（4）定额套价，计算定额直接费

根据划分定额项目的具体内容，列出定额计价工程预算项目及其对应的工程量，查出预算定额（或单位估价表）内相应项目的定额编号、主材耗量、基价及其组成（其中所含人工费、机械费基价），从而计算出各项目的定额直接费。主材费的计算单价为定额耗量与现行预算价格的乘积，安装工程在预算表（表4.17）内直接计算，装饰工程可另行列表（表4.19）计算。最后，对单位工程的主材费、定额直接费及其组成的人工费、机械费进行汇总，成为该工程的套价费用。直接费的计算应列表进行（表4.16、表4.17或表4.18、表4.19），要做到项目、规格、型号、工作内容、施工方法、质量要求、计量单位、定额基价等全部一致。

（5）工料分析与构配件计算

在施工图预算编制中，必须对单位工程的用工、用料的定额耗量进行分析计算，并对消耗的构件、配件列出清单。工料分析是按工程预算项目列表（表4.20）进行分析计算，分析内容应以综合劳力、主要材料、大宗材料和特殊材料为主，目的在于核定技术经济指标、提出甲方（建设单位）供料清单和企业自备材料清单。工程中所需的建筑构件、配件及主体设备、装置等成品与半成品，应根据施工图进行统计分析，分清型号、规格列出明细表，以供采购、加工及安排运输。

（6）**计算各项预算费用**

由于地区价差的存在，首先应按规定调整定额直接费（综合调整或分项调差）。以调整后的直接费为基础，计算间接费、独立费和税金等各项预算费用，汇总的金额为工程造价。费用的计算应列式（表4.15）进行，以备复核。

（7）**经济指标、编制说明、整理装订**

工程预算费用经复核无误后，可进行技术经济指标分析（表4.14），包括费用、劳力、材料等单方指标内容。同时，应编写"编制说明"（主要内容为工程概况、施工条件、承包方式、编制依据、主要成果等简要文字介绍），作为预算书的首页内容。预算编制中的各种计算表格经整理后，加上封面（图4.1）装订成册。

编号：____

×××××建筑安装工程公司
工程预（结）算书
（　　　　）

建设单位 _____

工程名称 _____

工程地点 _____

工程性质 _____ 结构 _____

建筑面积 _____ 层数 _____

预(结)算总价_____ 元

单位主管 _____

施工单位_____ 工程队　编　　制 _____

日　　期 _____

图 4.1　预(结)算书封面形式

◼4 施工图预算的审查

（1）**审查施工图预算的意义**

①有利于控制工程造价，克服和防止预算超概算。

②有利于加强固定资产投资管理，节约建设资金。

③有利于施工承包合同价的合理确定和控制。

④有利于积累和分析各项技术经济指标，不断提高设计水平。

（2）审查施工图预算的内容

审查施工图预算的重点，应该放在工程量计算、预算单价套用、设备材料预算价格是否正确，各项费用标准是否符合现行规定等方面。

①审查工程量。

a. 土方工程。

b. 打桩工程。

c. 砖石工程。

d. 混凝土及钢筋混凝土工程。

e. 木结构工程。

f. 楼地面工程。

g. 屋面工程。

h. 构筑物工程。

i. 装饰工程。

j. 金属构件制作工程。

k. 水暖工程。

l. 电气照明工程。

m. 设备及其安装工程。

②审查设备、材料的预算价格。

a. 审查设备、材料的预算价格是否符合工程所占地的真实价格及价格水平。

b. 设备、材料的原价确定方法是否正确。

c. 设备的运杂费率及其运杂费的计算是否正确，材料预算价格的各项费用的计算是否正确、符合规定。

③审查预算单价的套用。

审查预算单价套用是否正确，是审查预算工作的主要内容之一。审查时应注意以下几个方面：

a. 预算中所列各分项工程预算单价是否与现行预算定额的预算单价相符，其名称、规格、计量单位和所包括的工程内容是否与单位估价表一致。

b. 审查换算的单价，首先要审查换算的分项工程是否是定额中允许换算的，其次审查换算是否正确。

c. 审查补充定额和单位估价表的编制是否符合编制原则，单位估价表计算是否正确。

④审查有关费用项目及其计取。

a.其他直接费和现场经费及间接费的计取基础是否符合现行规定,有无不能作为计费基础的费用,列入计费的基础。

b.预算外调增的材料差价是否计取了间接费。直接费或人工费增减后,有关费用是否相应作了调整。

c.有无巧立名目,乱计费、乱摊费用现象。

(3)审查施工图预算的方法

审查施工图预算的方法较多,主要有8种方法。

①全面审查法。又叫逐项审查法,就是按预算定额顺序或施工的先后顺序,逐一地全部进行审查的方法。其具体计算方法和审查过程与编制施工图预算基本相同。此方法的优点是全面、细致,经审查的工程预算差错比较少,质量比较高。缺点是工作量大。对于一些工程量比较小、工艺比较简单的工程,编制工程预算的技术力量又比较薄弱,可采用全面审查法。

②标准预算审查法。对于利用标准图纸或通用图纸施工的工程,先集中力量,编制标准预算,以此为标准审查预算的方法。按标准图纸设计或通用图纸施工的工程一般结构和做法相同,可集中力量细审一份预算或编制一份预算,作为这种标准图纸的标准预算,或用这种标准图纸的工程量为标准,对照审查,而对局部不同的部分作单独审查即可。这种方法的优点是时间短、效果好、好定案;缺点是只适应按标准图纸设计的工程,适用范围小。

③分组计算审查法。分组计算审查法是一种加快审查工程量速度的方法,把预算中的项目划分为若干组,并把相邻且有一定内在联系的项目编为一组,审查或计算同一组中某个分项工程量,利用工程量间具有相同或相似计算基础的关系,判断同组中其他几个分项工程量计算的准确程度的方法。

④对比审查法。用已建成工程的预算或虽未建成但已审查修正的工程预算对比审查拟建的类似工程预算的一种方法。

⑤筛选审查法。筛选法是统筹法的一种,也是一种对比方法。建筑工程虽然有建筑面积和高度的不同,但是它们的各个分部分项工程的工程量、造价、用工量在每个单位面积上的数值变化不大,我们把这些数据加以汇集、优选、归纳为工程量、造价(价值)、用工3个单方基本值表,并注明其适用的建筑标准。这些基本值犹如"筛子孔",用来筛选各分部分项工程,筛下去的就不审查了,没有筛下去的就意味着此分部分项的单位建筑面积数值不在基本值范围之内,应对该分部分项工程详细审查。当所审查

的预算的建筑面积标准与"基本值"所适用的标准不同,就要对其进行调整。

筛选法的优点是简单易懂,便于掌握,审查速度和发现问题快。但解决差错分析其原因需继续审查。因此,此法适用于住宅工程或不具备全面审查条件的工程。

⑥重点抽查法。抓住工程预算中的重点进行审查的方法。审查的重点一般是:工程量大或造价较高、工程结构复杂的工程,补充单位估价表,计取各项费用(计费基础、收费标准等)。重点抽查法的优点是重点突出,审查时间短、效果好。

⑦利用手册审查法。把工程中常用的构件、配件事先整理成预算手册,按手册对照审查的方法。

⑧分解对比审查法。一个单位工程,按直接费与间接费进行分解,然后再把直接费按工种和分部工程进行分解,分别与审定的标准预算进行对比分析的方法,叫分解对比审查法。

(4) 审查施工图预算的步骤

①做好审查前的准备工作。

a. 熟悉施工图纸。

b. 了解预算包括的范围。

c. 弄清预算采用的单位估价表。

②选择合适的审查方法,按相应内容审查。

③调整预算。综合整理审查资料,并与编制单位交换意见,定案后编制调整预算。审查后需要进行增加或核减的,经与编制单位协商,统一意见后进行相应的修正。

第 **3** 课

施工图预算费用组成及计算

DISANKE
SHIGONGTU YUSUAN
FEIYONG ZUCHENG
JI JISUAN

1 设备及工器具购置费用的构成

设备及工器具购置费用是由设备购置费和工具、器具及生产家具购置费组成的，它是固定资产投资中的积极部分。在生产性工程建设中，设备及工器具购置费用占工程造价比重的增大，意味着生产技术的进步和资本有机构成的提高。

（1）设备购置费的构成及计算

设备购置费是指为建设项目购置或自制的达到固定资产标准的各种国产或进口设备、工具、器具的购置费用。

$$设备购置费 = 设备原价 + 设备运杂费$$

①国产设备原价的构成及计算。国产设备原价一般指的是设备制造厂的交货价，或订货合同价。国产设备原价分为国产标准设备原价和国产非标准设备原价。

a. 国产标准设备原价。国产标准设备是指按照主管部门颁布的标准图纸和技术要求，由我国设备生产厂批量生产的，符合国家质量检测标准的设备。国产标准设备原价有两种，即带有备件的原价和不带有备件的原价。

b. 国产非标准设备原价。国产非标准设备是指国家尚无定型标准，各设备生产厂不可能在工艺过程中采用批量生产，只能按一次订货，并根据具体的设计图纸制造的设备。非标准设备原价有多种不同的计算方法，如成本计算估价法、系列设备插入估价法、分部组合估价法、定额估价法等。

按成本计算估价法，非标准设备的原价由以下各项组成：

材料费计算公式如下：

$$材料费 = 材料净重 \times （1 + 加工损耗系数） \times 每吨材料综合价$$

加工费包括生产工人工资和工资附加费、燃料动力费、设备折旧费、车间经费等。

其计算公式如下：

$$加工费 = 设备总重量（吨） \times 设备每吨加工费$$

辅助材料费（简称辅材费）包括焊条、焊丝、氧气、氩气、氮气、油漆、电石等费用。
其计算公式如下：

$$辅助材料费 = 设备总重量 \times 辅助材料费指标$$

专用工具费按 A ~ C 项之和乘以一定百分比计算。

废品损失费按 A ~ D 项之和乘以一定百分比计算。

外购配套件费。按设备设计图纸所列的外购配套件的名称、型号、规格、数量、重量，根据相应的价格加运杂费计算。

包装费按以上 A ~ F 项之和乘以一定百分比计算。

利润可按 A ~ E 项加第 G 项之和乘以一定利润率计算。

税金主要指增值税。计算公式为：

$$增值税 = 当期销项税额 - 进项税额$$

$$当期销项税额 = 销售额 \times 适用增值税率$$

$$（销售额为 A ~ H 项之和）$$

非标准设备设计费：按国家规定的设计费收费标准计算。

综上所述，单台非标准设备原价可用下面的公式表达：

单台非标准设备原价 ＝｛［（材料费 + 加工费 + 辅助材料费）×
（1 + 专用工具费率）×（1 + 废品损失费率）+
外购配套件费］×（1 + 包装费率）- 外购配套件费｝×
（1 + 利润率）+ 销项税金 + 非标准设备设计费 +
外购配套件费

②进口设备原价的构成及计算。进口设备的原价是指进口设备的抵岸价，即抵达买方边境港口或边境车站，且交完关税等税费后形成的价格。进口设备抵岸价的构成与进口设备的交货类别有关。

a. 进口设备的交货类别。进口设备的交货类别可分为内陆交货类、目的地交货类、装运港交货类。

内陆交货类。即卖方在出口国内陆的某个地点交货。在交货地点，卖方及时提交合同规定的货物和有关凭证，并负担交货前的一切费用和风险；买方按时接收货物，交付货款，负担接货后的一切费用和风险，并自行办理出口手续和装运出口。货物的所有权也在交货后由卖方转移给买方。

目的地交货类。即卖方在进口国的港口或内地交货,有目的港船上交货价、目的港船边交货价(FOS)和目的港码头交货价(关税已付)及完税后交货价(进口国的指定地点)等几种交货价。它们的特点是:买卖双方承担的责任、费用和风险是以目的地约定交货点为分界线,只有当卖方在交货点将货物置于买方控制下才算交货,才能向买方收取贷款。这种交货类别对卖方来说承担的风险较大,在国际贸易中卖方一般不愿采用。

装运港交货类。即卖方在出口国装运港交货,主要有装运港船上交货价(FOB),习惯称离岸价格,运费在内价(C&F)和运费、保险费在内价(CIF),习惯称到岸价格。它们的特点是:卖方按照约定的时间在装运港交货,只要卖方把合同规定的货物装船后提供货运单据便完成交货任务,可凭单据收回货款。

b. 进口设备抵岸价的构成及计算。进口设备采用最多的是装运港船上交货价(FOB),其抵岸价的构成可概括为:

$$进口设备抵岸价 = 货价 + 国际运费 + 运输保险费 +$$
$$银行财务费 + 外贸手续费 + 关税 +$$
$$增值税 - 消费税 + 海关监管手续费 +$$
$$车辆购置附加费$$

货价。一般指装运港船上交货价(FOB)。

国际运费。即从装运港(站)到达我国抵达港(站)的运费。进口设备国际运费计算公式为:

$$国际运费(海、陆、空) = 原币货价(FOB) \times 运费率$$
$$国际运费(海、陆、空) = 运量 \times 单位运价$$

运输保险费。对外贸易货物运输保险是由保险人(保险公司)与被保险人(出口人或进口人)订立保险契约、在被保险人交付议定的保险费后,保险人根据保险契约的规定对货物在运输过程中发生的承保责任范围内的损失给予经济上的补偿。这是一种财产保险。计算公式为:

$$运输保险费 = (原币货价(FOB) + 国外运费)/(1 - 保险费率) \times 保险费率$$

其中,保险费率按保险公司规定的进口货物保险费率计算。

银行财务费。一般是指中国银行手续费,可按下式简化计算:

$$银行财务费 = 人民币货价(FOB) \times 银行财务费率$$

外贸手续费。指按对外经济贸易部规定的外贸手续费率计取的费用,外贸手续费率一般取 1.5%。计算公式为:

$$外贸手续费 = (装运港船上交货价(FOB) +$$
$$国际运费 + 运输保险费) × 外贸手续费率$$

关税。由海关对进出国境或关境的货物和物品征收的一种税。计算公式为：

$$关税 = 到岸价格(CIF) × 进口关税税率$$

其中,到岸价格(CIF)包括离岸价格(FOB)、国际运费、运输保险费等费用,它作为关税完税价格。进口关税税率分为优惠和普通两种。

增值税。是对从事进口贸易的单位和个人,在进口商品报关进口后征收的税种。我国增值税条例规定,进口应税产品均按组成计税价格和增值税税率直接计算应纳税额。即:

$$进口产品增值税额 = 组成计税价格 × 增值税税率$$
$$组成计税价格 = 关税完税价格 + 关税 + 消费税$$

消费税。对部分进口设备(如轿车、摩托车等)征收,一般计算公式为:

$$应纳消费税额 = (到岸价 + 关税)/(1 - 消费税税率) × 消费税税率$$

其中,消费税税率根据规定的税率计算。

海关监管手续费。指海关对进口减税、免税、保税货物实施监督、管理、提供服务的手续费。其公式如下:

$$海关监管手续费 = 到岸价 × 海关监管手续费率(一般为 0.3\%)$$

车辆购置附加费:进口车辆需缴进口车辆购置附加费。其公式如下:

$$进口车辆购置附加费 = (到岸价 + 关税 + 消费税 + 增值税) × 进口车辆购置附加费率$$

③设备运杂费的构成。设备运杂费通常由下列各项构成:

a.运费和装卸费。国产设备由设备制造厂交货地点起至工地仓库(或施工组织设计指定的需要安装设备的堆放地点)止所发生的运费和装卸费;进口设备则由我国到岸港口或边境车站起至工地仓库(或施工组织设计指定的需安装设备的堆放地点)止所发生的运费和装卸费。

b.包装费。在设备原价中没有包含的,为运输而进行的包装支出的各种费用。

c.设备供销部门的手续费。按有关部门规定的统一费率计算。

d.采购与仓库保管费。指采购、验收、保管和收发设备所发生的各种费用,包括设备采购人员、保管人员和管理人员的工资、工资附加费、办公费、差旅交通费,设备供应部门办公和仓库所占固定资产使用费、工具用具使用费、劳动保护费、检验试验费等。这些费用可按主管部门规定的采购与保管费费率计算。

④设备运杂费的计算。设备运杂费按设备原价乘以设备运杂费率计算,其公

式为：

$$设备运杂费 = 设备原价 \times 设备运杂费率$$

其中，设备运杂费率按各部门及省、市等的规定计取。

（2）工具、器具及生产家具购置费的构成及计算

工具、器具及生产家具购置费，是指新建或扩建项目初步设计规定的，保证初期正常生产必须购置的没有达到固定资产标准的设备、仪器、工卡模具、器具、生产家具和备品备件等的购置费用。计算公式为：

$$工具、器具及生产家具购置费 = 设备购置费 \times 定额费率$$

2 建筑安装工程费用构成

（1）建筑工程费用内容

①各类房屋建筑工程和列入房屋建筑工程预算的供水、供暖、卫生、通风、煤气等设备费用及其装饰工程的费用，列入建筑工程预算的各种管道、电力、电信和电缆导线敷设工程的费用。

②设备基础、支柱、工作台、烟囱、水塔、水池、灰塔等建筑工程以及各种炉窑的砌筑工程和金属结构工程的费用。

③为施工而进行的场地平整，工程和水文地质勘察，原有建筑物和障碍物的拆除以及施工临时用水、电、气、路和完工后的场地清理，环境绿化、美化等工作的费用。

④矿井开凿、井巷延伸、露天矿剥离，石油、天然气钻井，修建铁路、公路、桥梁、水库、堤坝、灌渠及防洪等工程的费用。

（2）安装工程费用内容

①生产、动力、起重、运输、传动和医疗、实验等各种需要安装的机械设备的装配费用，与设备相连的工作台、梯子、栏杆等设施的工程费用，附属于被安装设备的管线敷设工程费用，以及被安装设备的绝缘、防腐、保温、油漆等工作的材料费和安装费。

②为测定安装工程质量，对单台设备进行单机试运转、对系统设备进行系统联动无负荷试运转工作的调试费。

3 我国现行建筑安装工程费用构成

我国现行建筑安装工程费用的具体构成主要是4部分：直接工程费、间接费、计划利润和税金。

（1）直接工程费

建筑安装工程直接工程费由直接费、其他直接费和现场经费组成。

①直接费。是指在工程施工过程中直接耗费的构成工程实体或有助于工程形成的各种费用，包括人工费、材料费和施工机械使用费。

a. 人工费。建筑安装工程费中的人工费，是指直接从事于建筑安装工程施工的生产工人开支的各项费用。构成人工费的基本要素有两个，即人工工日消耗量和人工日工资单价。

概预算定额中的人工工日消耗量。它是指在正常施工生产条件下，生产单位假定建筑安装产品（分部分项工程或结构构件）必须消耗的某种技术等级的人工工日数量。它由分项工程所综合的各个工序施工劳动定额包括的基本用工、其他用工两部分组成，构成人工定额消耗量。

相应等级的日工资综合单价包括生产工人基本工资、工资性补贴、生产工人辅助工资、职工福利费及劳动保护费，这同时也体现了该人工费所包括的内容。

人工费的基本计算公式为：

$$人工费 = \sum（工程量 \times 人工工日概预算定额 \times 相应等级的日工资单价）$$

b. 材料费。建筑安装工程费中的材料费，是指施工过程中耗用的构成工程实体的原材料、辅助材料、构配件、零件、半成品的费用和周转材料的摊销（或租赁）费用。构成材料费的两个基本要素是材料消耗量和材料预算价格。

材料定额消耗量。预算定额中的材料消耗量是指在合理和节约使用材料的条件下，生产单位假定建筑安装产品（分部分项工程或结构构件）必须消耗的一定品种规格的材料、半成品、构配件等的数量标准。它包括材料净耗量和材料不可避免的损耗量。

材料预算价格。材料的预算价格是指材料从其来源地到达施工工地仓库后的出库价格。

材料费的基本计算公式为：

$$材料费 = \sum（工程量 \times 材料定额消耗量 \times 材料相应预算价格）$$

c. 施工机械使用费。建筑安装工程费中的施工机械使用费，是指使用施工机械作业所发生的机械使用费以及机械安、拆和进出场费。

概预算定额中的机械台班消耗量，它是指在正常施工条件下，生产单位假定建筑安装产品（分部分项工程或结构构件）必须消耗的某类某种型号施工机械的台班数量。

机械台班综合单价。其内容包括折旧费、大修理费、经常修理费、安拆费及场外运输费、燃料动力费、人工费及运输机械养路费、车船使用税及保险费,这同时也体现了该施工机械使用费所包括的内容。

施工机械使用费的基本计算公式为:

$$施工机械使用费 = \sum(工程量 \times 机械定额台班消耗量 \times$$
$$机械台班综合单价) + 其他机械使用费$$

②其他直接费。是指除了直接费之外的,在施工过程中直接发生的其他费用。

其他直接费的组成内容:

冬、雨季施工增加费。它是指在冬季、雨季施工期间,为了确保工程质量,采取保温、防雨措施所增加的材料费、人工费和设施费用,以及因工效和机械作业效率降低所增加的费用。一般多按定额费率常年计取,包干使用。

夜间施工增加费。它是指为确保工期和工程质量,需要在夜间连续施工或在白天施工需增加照明设施(如在炉窑、烟囱、地下室等处施工)及发放夜餐补助等发生的费用。

材料二次搬运费。它是指因施工场地狭小等特殊情况而发生的材料二次倒运支出的费用。

仪器仪表使用费。它是指通信、电子等设备安装工程所需安装、测试仪器、仪表的摊销及维持费用。

生产工具用具使用费。它是指施工、生产所需的不属于固定资产的生产工具和检验、试验用具等的摊销费和维修费,以及支付给工人自备工具的补贴费。

检验试验费。它是指对建筑材料、构件和建筑物进行一般鉴定、检查所花的费用。包括自设试验室进行试验所耗用的材料和化学药品等费用。

特殊工程培训费。它是指在承担某些特殊工程、新型建筑施工任务时,根据技术规范要求对某些特殊工种的培训费。

工程定位复测、工程点交、场地清理等费用。

特殊地区施工增加费。它是指铁路、公路、通信、输电、长距离输送管道等工程在原始森林、高原、沙漠等特殊地区施工增加的费用。

其他直接费的计算:

其他直接费是按相应的计取基础乘以其他直接费费率确定。

a. 土建工程:

$$其他直接费 = 直接费 \times 其他直接费费率$$

b. 安装工程：

$$其他直接费 = 人工费 × 其他直接费费率$$

③现场经费。是指为施工准备、组织施工生产和管理所需的费用,包括临时设施费和现场管理费两方面内容。

a. 临时设施费是指施工企业为进行建筑安装工程施工所必需的生活和生产用的临时建筑物、构筑物和其他临时设施的搭设、维修、拆除费用或摊销费用。

临时设施包括临时宿舍、文化福利及公用事业房屋与构筑物、仓库、办公室、加工厂以及规定范围内道路、水、电、管线等临时设施和小型临时设施。

临时设施费一般单独核算,包干使用。

b. 现场管理费是指发生在施工现场这一级,针对工程的施工建设进行组织经营管理等支出的费用。

现场管理费的组成内容:

现场管理人员的基本工资、工资性补贴、职工福利费、劳动保护费等。现场办公费、差旅交通费、固定资产使用费、工具用具使用费、保险费、工程保修费、工程排污费、其他费用。

现场管理费的计算,现场管理费是按相应的计取基础乘以现场管理费费率确定。

土建工程：

$$现场管理费 = 直接费 × 现场管理费费率$$

安装工程：

$$现场管理费 = 人工费 × 现场管理费费率$$

（2）间接费

建筑安装工程间接费是指虽不直接由施工的工艺过程所引起,但却与工程的总体条件有关的,建筑安装企业为组织施工和进行经营管理,以及间接为建筑安装生产服务的各项费用。

间接费的组成内容:

按现行规定,建筑安装工程间接费由企业管理费、财务费和其他费用组成。

①企业管理费。是指施工企业为组织施工生产经营活动所发生的管理费用。内容包括:

A. 企业管理人员的基本工资、工资性补贴、职工福利费等。

B. 企业办公费。指企业办公用文具、纸张、账表、印刷、邮电、书报、会议、水、电、燃煤(气)等费用。

C. 差旅交通费。指企业管理人员出差旅费、探亲路费、劳动力招募费、离退休职工一次性路费及交通工具油料费、燃料费、牌照费和养路费等。

D. 固定资产使用费。指企业管理用的,属于固定资产的房屋、设备、仪器等折旧费和维修费等。

E. 工具用具使用费。指企业管理使用的不属于固定资产的工具、用具、家具、交通工具等的摊销费及维修费。

F. 工会经费。指企业按职工工资总额2%计提的工会经费。

G. 职工教育经费。指企业为职工学习先进技术和提高文化水平按职工工资总额的1.5%计提的学习、培训费用。

H. 劳动保险费乃至企业支付离退休职工的退休金。包括提取的离退休职工劳保统筹基金、价格补贴、医药费、易地安家补助费、职工退职金、6个月以上的病假人员工资、职工死亡丧葬补助费、抚恤费及按规定支付给离休干部的各项经费。

I. 职工养老保险费及待业保险费。指职工退休养老金的积累及按规定标准计提的职工待业保险费。

J. 保险费。指施工管理用财产、车辆保险。

K. 税金。指企业按规定交纳的房产税、车船使用税、土地使用税、印花税及土地使用费等。

L. 其他费用。包括技术转让费、技术开发费、业务招待费、绿化费、广告费、公证费、法律顾问费、审计费、咨询费等。

②财务费。是指企业为筹集资金而发生的各项费用,包括企业经营期间发生的短期贷款利息净支出、汇兑净损失、金融机构手续费,以及企业筹集资金发生的其他财务费用。

③其他费用。包括按规定支付工程造价(定额)管理部门的定额编制管理费和劳动定额管理部门的定额测定费,以及按有关部门规定支付的上级管理费。

间接费是按相应的计取基础乘以间接费费率确定。计算公式为:

土建工程:

$$间接费 = 直接工程费 × 间接费费率$$

安装工程:

$$间接费 = 人工费 × 间接费费率$$

(3)利润及税金

①计划利润。依据不同投资来源或工程类别,计划利润率实施差别利润率。

②税金。建筑安装工程税金是指国家税法规定的应计入建筑安装工程费用的营业税,城乡维护建设税及教育费附加。

A. 营业税。营业税是按营业额乘以营业税税率确定。

$$应纳营业税 = 营业额 \times 3\%$$

B. 城乡维护建设税:

$$应纳税额 = 应纳营业税额 \times 适用税率$$

C. 教育费附加:

$$应纳税额 = 应纳营业税额 \times 3\%$$

4 工程建设其他费用构成

工程建设其他费用,是指从工程筹建起到工程竣工验收交付使用止的整个建设期间,除建筑安装工程费用和设备及工器具购置费用以外的,为保证工程建设顺利完成和交付使用后能够正常发挥效用而发生的各项费用。

(1)土地使用费

①土地征用及迁移补偿费

土地征用及迁移补偿费,是指建设项目通过划拨方式取得无限期的土地使用权,依照《中华人民共和国土地管理法》等规定所支付的费用。其总和一般不得超过被征土地年产值的 20 倍,土地年产值则按该地被征用前 3 年的平均产量和国家规定的价格计算。其内容包括:

a. 土地补偿费。

b. 青苗补偿费和被征用土地上的房屋、水井、树木等附着物补偿费。

c. 安置补助费。

d. 缴纳的耕地占用税或城镇土地使用税、土地登记费及征地管理费等。

e. 征地动迁费。

f. 水利水电工程水库淹没处理补偿费。

②土地使用权出让金

土地使用权出让金是指建设项目通过土地使用权出让方式,取得有限期的土地使用权,依照《中华人民共和国城镇国有土地使用权出让和转让暂行条例》规定,支付的土地使用权出让金。

A. 明确国家是城市土地的唯一所有者,并分层次、有偿、有限期地出让、转让城市土地。第一层次是城市政府将国有土地使用权出让给用地者,该层次由城市政府垄断经营。出让对象可以是有法人资格的企事业单位,也可以是外商。第二层次及以下层次的转让则发生在使用者之间。

B. 城市土地的出让和转让可采用协议、招标、公开拍卖等方式。

a. 协议方式。该方式适用于市政工程、公益事业用地以及需要减免地价的机关、部队用地和需要重点扶持、优先发展的产业用地。

b. 招标方式。该方式适用于一般工程建设用地。

c. 公开拍卖。该方式适用于盈利高的行业用地。

C. 在有偿出让和转让土地时,政府对地价不作统一规定,但应坚持以下原则:

a. 地价对目前的投资环境不产生大的影响。

b. 地价与当地的社会经济承受能力相适应。

c. 地价要考虑已投入的土地开发费用、土地市场供求关系、土地用途和使用年限。

D. 关于政府有偿出让土地使用权的年限,以 50 年为宜。

(2)与项目建设有关的其他费用

①建设单位管理费

a. 建设单位开办费。

b. 建设单位经费。

②勘察设计费

③研究试验费

④建设单位临时设施费

⑤工程监理费

⑥工程保险费

⑦引进技术和进口设备其他费用

⑧工程承包费

(3)与未来企业生产经营有关的其他费用

①联合试运转费

联合试运转费是指新建企业或新增加生产工艺过程的扩建企业在竣工验收前,按照设计规定的工程质量标准,进行整个车间的负荷或无负荷联合试运转发生的费用支出大于试运转收入的亏损费用。试运转收入包括试运转产品销售和其他收入。不包括应由设备安装工程费项下开支的单台设备调试费及试车费用。

②生产准备费

生产准备费是指新建企业或新增生产能力的企业，为保证竣工交付使用进行必要的生产准备所发生的费用。费用内容包括：

a.生产人员培训费。

b.生产单位提前进厂参加施工、设备安装、调试等以及熟悉工艺流程及设备性能等人员的工资、工资性补贴、职工福利费、差旅交通费、劳动保护费等。

③办公和生活家具购置费

办公和生活家具购置费是指为保证新建、改建、扩建项目初期正常生产、使用和管理所必须购置的办公和生活家具、用具的费用。

5 预备费建设期贷款利息固定资产投资方向调节税

（1）预备费

按我国现行规定，包括基本预备费和涨价预备费。

①基本预备费

基本预备费是指在初步设计及概算内难以预料的工程费用，费用内容包括：

a.在批准的初步设计范围内，技术设计、施工图设计及施工过程中所增加的工程费用；设计变更、局部地基处理等增加的费用。

b.一般自然灾害造成的损失和预防自然灾害所采取的措施费用。实行工程保险的工程项目费用应适当降低。

c.竣工验收时为鉴定工程质量对隐蔽工程进行必要的挖掘和修复费用。

基本预备费是按设备及工器具购置费、建筑安装工程费用和工程建设其他费用三者之和为计取基础，乘以基本预备费率进行计算。

②涨价预备费

涨价预备费是指建设项目在建设期间内由于价格等变化引起工程造价变化的预测预留费用。费用内容包括人工、设备、材料、施工机械的价差费，建筑安装工程费及工程建设其他费用调整，利率、汇率调整等增加的费用。

（2）建设期贷款利息

建设期贷款利息包括向国内银行和其他非银行金融机构贷款、出口信贷、外国政府贷款、国际商业银行贷款以及在境内外发行的债券等在建设期间内应偿还的贷款利息。

当总贷款是分年均额发放时,建设期利息的计算可按当年借款在年终支用考虑,即当年贷款按半年计息,上年贷款按全年计息。计算公式为:

$$qj = (pj - 1 + 0.5Aj) \times i$$

式中　qj——建设期第 j 年应计利息;

　　　$pj-1$——建设期第 $(j-1)$ 年末贷款累计金额与利息累计金额之和;

　　　Aj——建设期第 j 年贷款金额;

　　　i——年利率。

(3)固定资产投资方向调节税

投资方向调节税根据国家产业政策和项目经济规模实行差别税率,税率为 0,5%,10%,15%,30% 5 个档次。差别税率按两大类设计,一是基本建设项目投资,二是更新改造项目投资。对前者设计了四档税率,即 0%,5%,15%,30%;对后者设计了两档税率,即 0%,10%。为贯彻国家宏观调控政策,扩大内需,鼓励投资,根据国务院的决定,对《中华人民共和国固定资产投资方向调节税暂行条例》规定的纳税义务人,其固定资产投资应税项目自 2000 年 1 月 1 日起新发生的投资额,暂停征收固定资产投资方向调节税。但该税种并未取消。

第 **4** 课

两算对比

　　"两算"是指施工图预算和施工预算。前者是确定工程造价的依据,后者是施工企业控制工程成本的尺度。通过两算对比,分析工程消耗量节约和超支的原因,以便提出解决问题的措施,防止工程成本的亏损,为降低工程成本提供依据。

1 两算对比的方法

(1)实物对比法

　　将施工预算和施工图预算计算出的人工、材料消耗量分别填入两算对比表进行对比分析,算出节约或超支的数量及百分比,并分析其原因。

(2)金额对比法

　　将施工预算和施工图预算计算出的人工费、材料消耗费、机械费分别填入两算对比表进行对比分析,算出节约或超支的金额及百分比,并分析其原因。

2 两算对比的内容

(1)人工数量及人工费的对比分析

　　施工定额的用工量一般比预算定额的用工量低,主要有以下几个方面的原因:

　　①施工现场的材料、半成品运距,预算定额综合的运距比施工定额远。

　　②预算定额还考虑了各工种之间工序搭接的用工因素。

　　③预算定额还包括了工程质量验收和隐蔽工程验收而影响工人操作的时间。

(2)材料消耗量及材料费的对比分析

　　施工定额的材料损耗率,一般都低于预算定额。所以,在通常情况下,施工预算的材料消耗量及材料费一般低于施工图预算。

（3）施工机械费的对比分析

施工预算的机械费,是根据施工组织设计或施工方案所规定的实际进场机械,按其种类、型号、台数、使用期限和台班单价计算的。而施工图预算的机械费是预算定额综合确定的,与实际情况可能不一致。因此,施工机械采用两种预算的机械费进行对比分析。如果发生施工预算的机械费大量超支,而无特殊原因时,则应考虑改变原施工方案,尽量做到不亏损而略有节余。

（4）周转材料使用费的对比分析

周转材料主要指脚手架和模板。施工预算的脚手架费是根据施工方案确定的搭设方式和材料计算的。施工图预算通常都综合了脚手架搭设方式,按不同结构和高度,以建筑面积为基数计算的(有的地区也按搭设方式单独计算)。施工预算的模板摊销量是按混凝土与模板的接触面积计算的;施工图预算的模板摊销量(费)计算,各地区规定不同,有采用与施工预算相同的方法,也有按混凝土体积综合计算的。因而,周转材料宜采用发生的费用进行对比分析。

（5）其他直接费的对比分析

其他直接费包括施工用水、电费,冬雨季、夜间、交叉作业施工增加费,材料二次搬运费以及其他属于直接费的有关费用,因费用项目和计取办法各地规定不同,只能用金额进行对比,以分析其节约和超支。

专题：某园林工程施工图预算

根据提供的园林工程施工图和其他文件,进行园林工程的施工图预算(表 4.24、表 4.25,图 4.2 至图 4.13)。

【实例】园林工程预算书

案例来源:樊俊喜.《园林工程建设概预算基础》

建设单位:

工程名称:

施工单位:

工程造价:

负责人:

编制人:

年　　月　　日

表 4.24　园林绿化工程预算造价汇总表

序号	费用名称	单位	取费标准	合　计
1	项目直接费	元	1	105 149.75
2	其他直接费	元	1×3.09%	3 249.13
3	现场经费	元	1×13.03%	13 701.01
4	直接费合计	元	1+2+3	122 099.89
5	企业管理费	元	4×6.09%	8 424.89
6	财务费	元	4×1.05%	1 282.05
7	计划利润	元	4×7.0%	8 546.99
8	预算包干费	元	4×1.3%	1 587.3
9	合计	元	4+5+6+7+8	141 941.12
10	含税工程造价	元	9×1.034 1%	146 781.31

注:"职责标准"一列中 1,2,3,4,5,6,7,8,9 指左边第 1 列的序号。

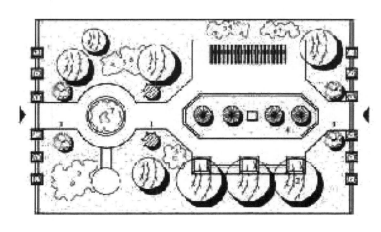

图 4.2

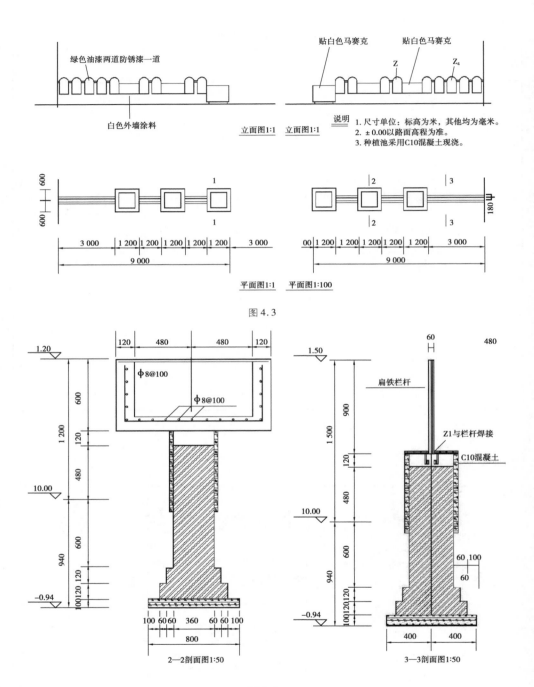

绿色油漆两道防锈漆一道

白色外墙涂料

立面图1:1

贴白色马赛克　　　贴白色马赛克

Z　　　Z_4

立面图1:1

说明　1. 尺寸单位：标高为米，其他均为毫米。
2. ±0.00以路面高程为准。
3. 种植池采用C10混凝土现浇。

600　600

1

1

3 000　1 200　1 200　1 200　1 200　1 200　3 000

9 000

平面图1:1

2　　　3

2　　　3

180

00　1 200　1 200　1 200　1 200　1 200　3 000

9 000

平面图1:100

图 4.3

1.20

120　480　480　120

$\phi 8@100$

$\phi 8@100$

600

1 200

120

480

10.00

600

940

100 120 120

−0.94

100　60 60　360　60 60　100

800

2—2剖面图1:50

60

480

1.50

扁铁栏杆

Z1与栏杆焊接

C10混凝土

900

1 500

120

480

10.00

600

940

100 120 120

−0.94

400　400

60 100

60

3—3剖面图1:50

图 4.4

174

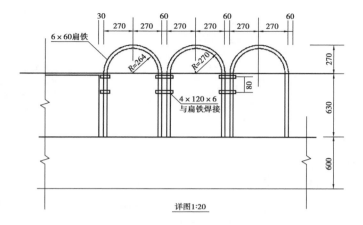

详图1:20

图 4.5

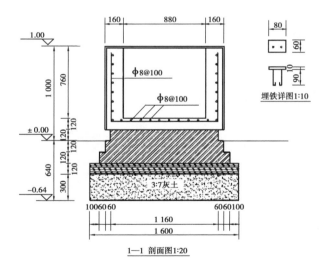

1—1 剖面图1:20

图 4.6

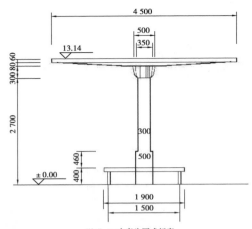

说明　1. 本亭为圆式板亭。

　　　2. 该亭均为C20混凝土，外刷白色涂料。

　　　3. 座凳高为400 mm，厚为80 mm。

　　　4. 座凳为圆环式，座凳面宽为400 mm。

图 4.7

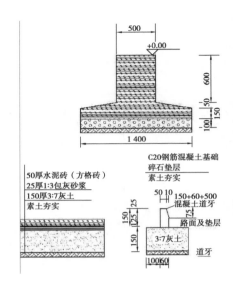

C20钢筋混凝土基础
碎石垫层
素土夯实

50厚水泥砖（方格砖）
25厚1:3包灰砂浆
150厚3:7灰土
素土夯实

150+60+500
混凝土道牙
路面及垫层
3:7灰土
道牙

图 4.8

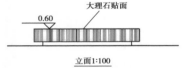

大理石贴面

0.60

立面1:100

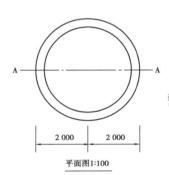

A————A

2 000　　2 000

平面图1:100

说明

1. 尺寸单位：平面为毫米，标高为米。

2. 花坛采用C10混凝土现浇，外贴瓷砖面。

3. +0.00以路面标高为准。

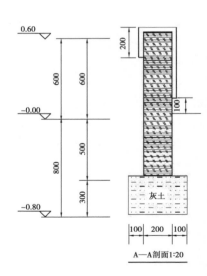

A—A剖面1:20

图 4.9

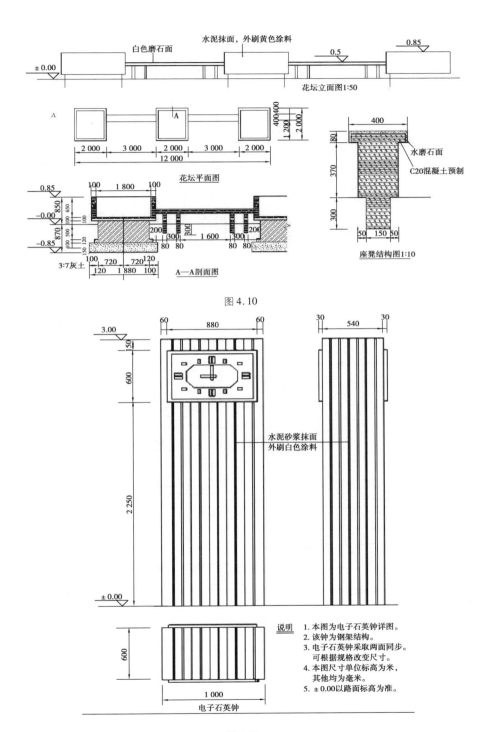

白色磨石面

水泥抹面，外刷黄色涂料

0.5

0.85

± 0.00

花坛立面图1:50

400 400

1 200

2 000

2 000   3 000   2 000   3 000   2 000

12 000

花坛平面图

400

80

370

300

水磨石面

C20混凝土预制

50   150   50

座凳结构图1:10

0.85

850

650

-0.00

100 100

870

500

-0.85

400 120

150 120

3:7灰土

100   720   720 120

120   1 880   100

100   1 800   100

200

300

300   1 600   300

200

80 80   80 80

A—A剖面图

图 4.10

3.00

60   880   60

30   540   30

150

600

2 250

水泥砂浆抹面
外刷白色涂料

± 0.00

600

1 000

电子石英钟

说明

1. 本图为电子石英钟详图。
2. 该钟为钢架结构。
3. 电子石英钟采取两面同步。
   可根据规格改变尺寸。
4. 本图尺寸单位标高为米，
   其他均为毫米。
5. ±0.00以路面标高为准。

图 4.11

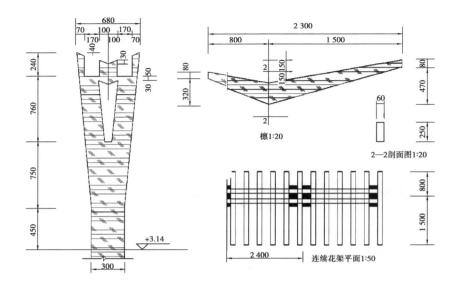

图 4.12

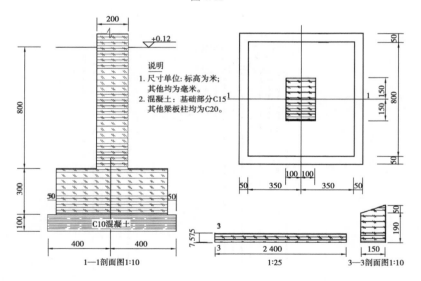

图 4.13

表 4.25　工程量计算表

序号	项　目	单位	计算式	数　量
一	表			
1	混凝土柱	m³	3×1×0.6	1.8
2	水泥砂浆抹面	m²	3.2×3+1×0.6	10.2
3	刷白色涂料	m²	3.2×3+1×0.6	10.2
二	圆形花坛			
1	挖地槽	m³	11.932×0.4×0.8×(系数)	3.82
2	灰土基础垫层	m³	11.932×0.4×0.3	1.43
3	混凝土池壁	m³	11.932×1.1×0.2	2.63
4	池面贴大理石面	m²	12.56×0.8	10.05
三	伞亭			
1	挖地坑	m³	$3.14×0.7^2×0.9×$(系数)	1.38
2	素土夯实	m³	$3.14×0.7^2×0.15$	0.23
3	碎石垫层	m³	$3.14×0.7^2×0.1$	0.154
4	混凝土基础	m³	$3.14×0.7^2×0.15+[3.14×0.05×(0.7^2+0.25^2+0.7×0.25)]/3$	0.269
5	混凝土伞板	m³	$3.14×2.25^2×0.86+3.14×0.15^2×1.84+[3.14×0.3×(0.175^2+0.25^2+0.175×2.25)]/3$	2.383
6	混凝土柱	m³	$3.14×0.25^2×0.06+[3.14×0.08×(0.25^2+2.25^2+0.25×2.25)]/3$	0.342
7	混凝土座凳板	m³	$3.14×0.77^2×0.88$	0.149
8	混凝土座凳腿	m³	$2×3.14×0.75×0.4×0.08$	0.151
9	亭架抹灰	m²		29.438

序号	项 目	单位	计 算 式	数 量
	柱	m²	$2 \times 3.14 \times 0.25 \times 0.86 + 2 \times 3.14 \times 0.15 \times 1.84 + 3.14 \times 0.3 \times (2.25 + 0.25)$	3.48
	顶板	m²	$3.14 \times 2.25^2 + 2 \times 3.14 \times 2.25 \times 0.06 + 3.14 \times 0.08 \times (2.25 + 0.25)$	17.376
	座凳	m²	$3.14 \times 0.77^2 + 2 \times 3.14 \times 0.77 + 2 \times 3.14 \times 0.75 \times 0.4$	8.582
10	喷刷涂料	m²		29.438
四	花台			
1	抗土方	m³	$1.6 \times 1.6 \times 0.64 \times 4$(系数)	6.55
2	3:7灰土基础	m³	$1.6 \times 1.6 \times 0.3 \times 4$	3.072
3	混凝土基础	m³	$1.6 \times 1.6 \times 0.1 \times 4$	1.024
4	砌花台	m³	$1.4 \times 1.4 \times 0.115 \times 4 + 1.28 \times 1.28 \times 0.115 \times 4 + 1.16 \times 1.16 \times 0.115 \times 4$	2.373
5	混凝土花池	m³	$[1.2 \times 1.2 \times 0.12 + (1.2 + 0.88) \times 2 \times 0.16 \times 0.76] \times 4$	2.715
6	池面贴马赛克	m²	$(1.2 + 0.88) \times 0.16 + 1.2 \times 4 \times 0.88$	4.557
五	花墙花台			
1	人工挖槽	m³	$7.8 \times 2 \times 0.8 \times 0.94$(系数)	11.73
2	混凝土基础	m³	$15.6 \times 0.8 \times 0.1$	1.248
3	砌花墙	m³	$15.6 \times 0.6 \times 0.12 + 15.6 \times 0.49 \times 0.12 + 15.6 \times 0.365 \times 1.08$	8.19
4	贴马赛克	m²		27.734

序号	项 目	单位	计 算 式	数 量
5	混凝土花台	m³	$[0.36 \times 0.36 \times 0.12 + 1.2 \times 1.2 \times 0.12 + (1.12 + 0.96) \times 2 \times 0.48 \times 0.12] \times 8$	3.504
6	铁花饰	kg	$\{[(2 \times 3.14 \times 0.27)/2 + 0.63 \times 2] \times 18 + 0.04 \times 0.12 \times 36\} \times 2.83$	107.97
六	连座花坛			
1	挖土方	m³	$1.88 \times 1.88 \times 0.87 \times 3 \times (系数)$	9.22
2	3：7 灰土垫层	m³	$1.88 \times 1.88 \times 0.15 \times 3$	1.59
3	C10 混凝土基础	m³	$1.88 \times 1.88 \times 0.1 \times 3$	1.06
4	砌墙	m³	$(1.78 \times 1.78 \times 0.115 + 1.44 \times 1.44 \times 0.6) \times 3$	4.872
5	混凝土花池	m³	$[2 \times 2 \times 0.1 + (2 + 1.8) \times 2 \times 0.1 \times 0.65] \times 3$	2.682
6	抹涂料	m²		13.01
7	座凳挖槽	m³	$0.15 \times 0.3 \times 0.08 \times 8(系数)$	0.03
8	混凝土座凳	m³	$(0.15 \times 0.3 \times 0.08 + 0.37 \times 0.25 \times 0.08) \times 8 + 0.4 \times 0.08 \times 6$	
9	抹水磨石面	m²	$(0.4 + 0.16) \times 6$	
七	园路			
1	素土夯实	m³	176.54×0.15	26.48
2	3：7 灰土垫层	m³	176.54×0.15	26.48
3	1：3 白灰砂浆	m²	176.54	176.54
4	水泥方格砖	m²	176.54	176.54
5	挖土方	m³	$176.54 \times 0.35 \times (系数)$	61.79
6	路牙素土夯实	m³	$91.2 \times 0.16 \times 0.15$	2.19
7	路牙3：7 灰土	m³	$91.2 \times 0.16 \times 0.15$	2.19

续表

序号	项 目	单位	计算式	数 量
8	路牙混凝土侧石	m³	$91.2 \times 0.16 \times 0.06$	0.82
9	路牙侧石安装	m	91.2	91.2
八	花架			
1	挖地坑	m³	$0.8 \times 0.9 \times 1.2 \times$（系数）$\times 6$	0.75
2	C10 混凝土垫层	m³	$0.8 \times 0.9 \times 0.1 \times 6$	0.432
3	混凝土柱基	m³	$(0.7 \times 0.8 \times 0.3 + 0.2 \times 0.3 \times 0.8) \times 6$	1.296
4	混凝土柱架	m³	$[(0.3 + 0.68) \times 2.2/2] \times 0.2 \times 6 - [(0.2 + 0.1) \times 0.76/2] \times 0.2 \times 6$	1.157
5	混凝土梁	m³	$2.4 \times 3 \times 0.15 \times 0.24 \times 2$	0.518
6	混凝土檩架	m³	$[(0.89 + 1.52) \times 0.06 \times (0.32 + 0.08)/2] \times 17$	0.493
7	水泥砂浆抹面	m²	$[(0.89 + 1.52) \times (0.32 \times 2 + 0.06 \times 2)] \times 17 + 0.68 \times 4 \times 2.2 \times 6$	60.04
8	檩架喷涂料	m²		60.04
九	八角形花坛			
1	挖地槽	m³	$33.2 \times 0.8 \times 0.4 \times$ 系数	10.62
2	灰土基础垫层	m³	$33.2 \times 0.3 \times 0.4$	3.98
3	混凝土池壁	m³	$33.2 \times 1.1 \times 0.2$	7.3
4	池面贴大理石	m²	33.2×0.7	23.24
十	植物			
1	桧柏	株		2
2	垂柳	株		7

序号	项 目	单位	计算式	数 量
3	龙爪槐	株		4
4	大叶黄杨	株		4
5	金银木	株		90
6	珍珠梅	株		60
7	月季	株		120
8	苯特草	m²		466

表 4.26 工程预算表

序号	定额编号	工程项目名称	单位	数 量	预算价格	预算合计
一		表	元			2 350.03
1	1—154	混凝土柱	m³	1.8	1 172.03	2 109.65
2	1—493	水泥砂浆抹面	m²	10.2	10.53	107.41
3	5—183	喷刷白色涂料	m²	10.2	13.036	132.97
二		圆形花坛	元			5 556.46
1	1—1	人工挖地槽	m³	3.82	6.65	25.4
2	1—88	3∶7 灰土垫层	m³	1.43	83.30	119.12
3	5—175	混凝土池	m³	2.63	1 564.07	4 113.5
4	5—180	池面贴大理石面	m²	10.05	129.198	1 298.44
三		伞亭	元			5 610.94
1	1—19	人工挖地坑	m³	1.38	7.48	10.32
2	1—75	素土夯实	m³	0.23	7.50	1.73
3	1—91	碎石垫层	m³	0.154	110.93	17.08
4	1—147	混凝土基础	m³	0.269	449.14	120.82

续表

序号	定额编号	工程项目名称	单位	数　量	预算价格	预算合计
5	1—180	混凝土伞板	m³	2.383	1 489.65	3 549.84
6	1—155	混凝土柱	m³	0.342	1 783.27	609.88
7	1—197	混凝土座凳板	m³	0.149	2 024.96	301.72
8	1—197	混凝土座凳腿	m³	0.151	2 024.96	305.77
9	1—493	亭架抹水泥砂浆	m²	29.44	10.53	310.00
10	5—183	亭架喷刷涂料	m²	29.44	13.036	383.780
四		花台				5 805.87
1	1—37	人工挖土方	m³	6.55	4.99	32.68
2	1—88	3∶7灰土垫层	m³	3.07	83.3	255.73
3	1—143	混凝土基础	m³	1.024	495.42	507.31
4	1—121	砌花台	m³	2.373	225.37	534.8
5	5—175	混凝土花池	m³	2.715	1 564.07	4 246.45
6	1—524	池面贴马赛克	m²	4.557	50.23	228.9
五		花墙花台				9 841.96
1	1—1	人工挖地槽	m³	11.73	6.65	78.01
2	1—143	混凝土基础	m³	1.25	495.42	619.28
3	1—109	砌花墙	m³	8.19	213.43	1 747.99
4	1—523	墙面贴马赛克	m²	27.734	44.889	1 244.95
5	5—175	混凝土花台	m³	3.5	1 564.07	5 474.25
6	5—200	铁花饰	t	0.11	6 158.87	677.48
六		连座花坛				6 755.67
1	1—37	人工挖土方	m³	9.22	4.99	46.01

序号	定额编号	工程项目名称	单位	数 量	预算价格	预算合计
2	1—88	3：7 灰土垫层	m³	1.59	83.3	132.45
3	1—98	混凝土垫层	m³	1.06	272.86	289.23
4	1—109	砌墙	m³	4.872	213.43	1 039.83
5	5—175	混凝土花池	m³	2.682	1 564.07	4 194.84
6	1—493	水泥砂浆抹面	m²	13.01	10.53	137.00
7	5—183	刷喷涂料	m²	13.01	13.036	169.6
8	1—1	座凳挖槽	m³	0.03	6.65	0.2
9	1—197	混凝土座凳	m³	0.283	2 024.96	573.06
10	5—177	抹水磨石面	m²	3.36	51.622	173.45
七		园路	元			15 430.48
1	4—200	园路土基	m²	176.54	0.936	165.24
2	4—202	3：7 灰土垫层	m³	26.48	82.55	2 185.92
3	4—201	砂垫层	m³	35.31	108.96	3 847.38
4	4—212	水泥方格砖路	m²	176.54	35.524	6 271.41
5	5—215	路牙安装侧石	m	91.2	32.462	2 960.53
八		花架	元			4 344.56
1	1—19	人工挖地坑	m³	0.75	7.48	5.61
2	1—98	混凝土垫层	m³	0.432	272.86	117.88
3	1—147	混凝土柱基	m³	1.269	449.14	582.09
4	5—170	混凝土柱架	m³	1.157	1 049.41	1 214.17
5	5—169	混凝土梁	m³	0.518	889.19	460.6
6	5—171	混凝土檩架	m³	0.493	1 114.21	549.31
7	1—493	水泥砂浆抹面	m²	60.04	10.53	632.22

续表

序号	定额编号	工程项目名称	单位	数　量	预算价格	预算合计
8	5—183	檩架刷涂料	m²	60.04	13.036	782.68
九		八角花坛	元			18 527.74
1	1—1	人工挖地槽	m³	10.62	6.65	70.62
2	1—88	3:7灰土垫层	m³	3.98	83.30	331.53
3	5—175	混凝土池	m³	7.3	1 564.07	11 417.71
4	5—178	池面贴大理石	m²	23.24	288.635	6 707.88
十		绿化种植	元			30 926.04
1	1052	桧柏	株	2	18.86	37.72
2	799	垂柳	株	7	12.6	88.2
3	959	龙爪槐	株	4	155.59	622.36
4	1087	大叶黄杨	株	4	9.98	39.92
5	993	金银木	株	90	29.07	2 616.3
6	994	珍珠梅	株	60	31.37	1 882.2
7	1116	月季	株	120	4.88	585.6
8	1119	苯特草	m²	466	6.48	3 019.68
9	5—131	常绿乔木养管费	株	13	48.462	630.01
10	5—129	花灌木养管费	株	154	36.041	5 550.31
11	5—138	花卉养管费	m²	24	20.19	484.56
12	5—139	草皮养管费	m²	466	10.164	4 736.42
13	5—51	换种植土	m²	333.4	14.237	4 746.62
14	4—1	整理绿化用地	m²	852	1.092	930.38
15	4—3	起挖乔木	株	13	3.04	39.52
16	4—13	栽植乔木	株	13	1.88	24.44

序号	定额编号	工程项目名称	单位	数　量	预算价格	预算合计
17	4—46	起挖灌木	株	154	10.84	1 669.36
18	4—56	栽植灌木	株	154	8.78	1 352.12
19	4—103	露地花卉栽植	m²	24	2.807	67.37
20	4—112	草皮铺种	m²	466	3.869	1 802.95

　　预算的最高境界就是融会贯通,如同武林高手,十八般武艺样样精通,最后将其糅合在一起,达到运用自如、出神入化的程度。任何课程的学习也是如此,只要一步步踏踏实实地将基础学扎实,并将其综合运用,才会达到知识的高峰。通过该主题的互动,同学们对室内环境工程到室外环境工程预算都有所了解,从而对环境艺术工程预算有全面的掌握。

问题思考

　　本地区对编制装饰工程预算有哪些文件规定?试列出本地装饰工程预算费用的计算式。

第五章

环境艺术工程结算和决算

HUANJING YISHU GONGCHENG
JIESUAN HE JUESUAN

No.5

工程结算

1 工程结算概述

工程结算是指承包商在工程实施过程中,依据承包合同中关于付款条件的规定和已经完成的工程量,并按照规定的程序向建设单位(业主)收取工程价款的一项经济活动。

(1)工程结算的分类

工程结算根据内容不同,可分为以下 4 种:

①工程价款结算是指建筑安装工程施工完毕并经验收合格后,建筑安装企业(承包商)按工程合同的规定与建设单位(业主)结清工程价款的经济活动。包括预付工程备料款和工程进度款的结算,在实际工作中通常统称为工程结算。

②设备、工器具购置结算是指建设单位、施工企业为了采购机械设备、工器具以及处理积压物资,同有关单位之间发生的货币收付结算。

③劳务供应结算是指施工企业、建设单位及有关部门之间,互相提供咨询、勘察、设计、建筑安装工程施工、运输和加工等劳务而发生的结算。

④其他货币资金结算是指施工企业、建设单位及主管基建部门和建设银行等之间,资金调拨、缴纳、存款、贷款和账户清理而发生的结算。

(2)工程结算的作用

①通过工程结算办理已完工程的工程价款,确定施工企业的货币收入,补充施工生产过程中的资金消耗。

②工程结算是统计施工企业完成生产计划和建设单位完成建设投资任务的依据。

③竣工结算是施工企业完成该工程项目的总货币收入,是企业内部编制工程决算

进行成本核算,确定工程实际成本的重要依据。

④竣工结算是建设单位编制竣工决算的主要依据。

⑤竣工结算的完成,标志着施工企业和建设单位双方所承担的合同义务和经济责任的结束。

(3) **工程结算的内容**

①按照工程承包合同或协议办理预付工程备料款。

②按照双方确定的结算方式开列施工作业计划和工程价款预支单,办理工程预付款。

③月末(或阶段完成)呈报已完工程月(或阶段)报表和工程价款结算单,同时按规定抵扣工程备料款和预付工程款,办理工程款结算。

④跨年度工程年终进行已完工程、未完工程盘点和年终结算。

⑤单位工程竣工时,办理单位工程竣工结算。

⑥单项工程竣工时,办理单项工程竣工结算。

(4) **工程结算方式**

由于工程建设周期长,产品具有不可分割的特点,只有整个单项或单位工程完工,才能进行竣工验收。但一个工程项目从施工准备开始,就要采购建筑材料和支付各种费用,施工期间更要支付人工费、材料费、施工机械费以及各项施工管理费。所以工程建设是一个不断消耗、投入的过程,为了补偿施工中的资金消耗,同时也为反映工程建设进度与实际投资完成情况,不可能等到工程全部竣工之后才结算、支付工程价款。一般在工程开工之前,施工准备阶段建设单位先支付一部分资金,主要用于材料的准备,称为预付备料款。工程开工之后,按工程实际完成情况定期由建设单位拨付已完工程部分的价款,称为工程进度款,这是一种中间结算。对跨年度工程,每年年终为统计该年基本建设完成情况,需要对工程实际完成情况进行盘点,同时进行工程价款的年终结算。

工程价款结算,实质上是施工企业与建设单位之间的商品货币结算,通过结算实现施工企业的工程价款收入,弥补施工企业在一定时期内为生产建筑产品的消耗。根据工程性质、规模、资金来源和施工工期,以及承包内容不同,采用的结算方式也不同。按工程结算的时间和对象,可分为定期结算、分段结算、年终结算、竣工后一次结算和目标结算方式等。

①定期结算

它是指定期由施工企业提出已完成的工程进度报表,连同工程价款结算账单,经建设单位签证,交建设银行办理工程价款结算。一般又分为:

a.月初预支,月末结算。在月初(或月中),施工企业按施工作业计划和施工图预算,编制当月工程价款预支账单,其中包括预计完成的工程名称、数量和预算价值等,经建设单位认定,交建设银行预支大约50%的当月工程价款,月末按当月施工统计数据,编制已完工程月报表和工程价款结算账单,经建设单位签证,交建设银行办理月末结算。同时,扣除本月预支款,并办理下月预支款。本期收入额为月终结算的已完工程价款金额。

b.月末结算。月初(或月中)不实行预支,月终施工企业按统计的实际完成分部分项工程量,编制已完工程月报表和工程价款结算账单,经建设单位签证,交建设银行审核办理结算。

此外,还有分旬预支,按月结算和分月预支,按季度结算等都属于定期结算之类。

②分段结算

它是指以单项(或单位)工程为对象,按其施工形象进度划分为若干施工阶段,按阶段进行工程价款结算。一般又分为:

a.阶段预支和结算。根据工程的性质和特点,将其施工过程划分成若干施工阶段,以审定的施工图预算为基础,测算每个阶段的预支款数额。在施工开始时,办理第一阶段的预支款,待该阶段完成后,计算其工程价款,经建设单位签证,交建设银行审查并办理阶段结算,同时办理下阶段的预支款。

b.阶段预支,竣工结算。对于工程规模不大,投资额较小,承包合同价值在50万元以下,或工期较短,一般在6个月以内的工程,将其施工全过程的形象进度大体分几个阶段,施工企业按阶段预支工程价款。在工程竣工验收后,经建设单位签证,通过建设银行办理工程竣工结算。

③年终结算

年终结算是指单位工程或单项工程不能在本年度竣工,而要转入下年度继续施工。为了正确统计施工企业本年度的经营成果和建设投资完成情况,由施工企业、建设单位和建设银行对正在施工的工程进行已完成和未完成工程量盘点,结清本年度的工程价款。

④竣工后一次结算

基本建设投资由预算拨款改为银行贷款,取消了预付备料款和预支工程价款制度,施工企业所需流动资金,全部由建设银行贷款。采用新的贷款制度的建设项目,或者按承包合同规定,实行竣工结算的工程项目,工程价款结算实行竣工后一次结算。竣工后一次结算的工程,一般按建设项目工期长短不同可分为:

a.建设项目竣工结算。它是指建设工期在一年内的工程,一般以整个建设项目为结算对象,实行竣工后一次结算。

b.单项工程竣工结算。它是指当年不能竣工的建设项目,其单项工程在当年开工,当年竣工的,实行单项工程竣工后一次结算。

单项工程当年不能竣工的工程项目,也可以实行分段结算、年终结算,或竣工后总结算的方法。

竣工后一次结算的方法是,在建设工程竣工后,施工企业以原施工图预算为基础,按合同规定和施工中实际发生的情况,调整原施工图预算,经建设单位签证,交建设银行办理工程价款结算。对于实际施工中发生变化较大的工程,如建筑面积的增减、设计方案变更等,引起施工图预算的变化也较大,可以按新的设计方案和施工中的有关其他签证,重新编制施工图预算,并按其进行工程价款竣工后一次结算。实行施工图预算加包干系数承包的工程项目,按施工图预算加包干系数计算工程价款,进行竣工后一次结算。工程实际成本的盈亏由施工企业自己负责。

⑤目标结算方式

目标结算方式即在工程合同中,将承包工程的内容分解成不同的控制界面,以业主验收控制界面作为支付工程价款的前提条件。也就是说,将合同中的工程内容分解成不同的验收单元,当承包商完成单元工程内容并经业主(或其委托人)验收后,业主支付构成单元工程内容的工程价款。

目标结算方式下,承包商要想获得工程价款,必须按照合同约定的质量标准完成界面内的工程内容;要想尽早获得工程价款,承包商必须充分发挥自己的组织实施能力,在保证质量的前提下,加快施工进度。这意味着承包商拖延工期时,则业主推迟付款,增加承包商的财务费用、运营成本,降低承包商的收益,客观上使承包商因延迟工期而遭受损失。同样,当承包商积极组织施工,提前完成控制界面内的工程内容,则承包商可提前获得工程价款,增加承包收益,客观上承包商因提前工期而增加了有效利润。同时,因承包商在界面内质量达不到合同约定的标准而业主不予验收,承包商也会因此而遭受损失。可见,目标结算方式实质上是运用合同手段、财务手段对工程的完成进行主动控制。

目标结算方式中,对控制界面的设定应明确描述,便于量化和质量控制,同时要适应项目资金的供应周期和支付频率。

⑥其他方式

结算双方可自行约定其他的结算方式。

2 工程结算的编制依据

工程结算的分类不同,编制依据有所不同。主要依据以下资料:

①施工企业与建设单位签订的工程施工合同或协议书。

②施工进度计划、月旬作业计划和施工工期。

③施工过程中现场实际情况记录和有关费用签证。

④施工图及有关资料、会审纪要、设计变更通知书和现场工程变更签证。

⑤工程设计概算、施工图预算文件和年度建筑安装工程量。

⑥预算定额、材料预算价格表和各项费用取费标准。

⑦国家和当地建设主管部门有关政策规定。

3 工程竣工结算的编制

(1) 工程竣工结算的方法

①投标合同加签证结算的编制方法

在编制竣工结算时,以合同标价(即中标价格)为基础,增加的项目应另行经建设单位签证,对签证的项目内容进行详细的费用计算,将计算结果加入到合同标价中,即为该工程总造价。

②施工图预算加签证结算的编制方法

这种方法把经过审定的施工图预算作为结算的依据。凡是在施工过程中发生而施工图预算又未包括的工程项目和费用,经建设单位签证后可在竣工结算中调整,即工程总造价为在施工图预算造价的基础上加上经过签证的费用。

③施工图预算加系数包干结算的编制方法

这种结算方法是先由有关单位共同商定包干范围,编制施工图预算时乘上一个不可预见费的包干系数。如果发生包干范围以外的增加项目,如增加建筑面积、提高原设计标准或改变工程结构等,必须由双方协商同意后方可变更,并随时填写工程变更结算单,经双方签证作为结算工程价款的依据。

④平方米造价包干结算的编制方法

住宅工程较适合平方米造价包干的竣工结算。它是双方根据一定的工程资料,事先协商好平方米造价指标和按建筑面积计算出总造价,即

$$工程总造价 = 总建筑面积 \times 每平方米造价$$

在合同中应明确平方米造价指标和工程总造价,在工程竣工结算时不再办理增减调整。

(2)预付工程备料款及其计算

施工企业承包工程,一般都实行包工包料,这就需要有一定数量的备料周转金,用以提前储备材料和订购构配件,保证施工的顺利进行。对于没有实行由建设银行贷款和国家核拨定额流动资金的地区或建设项目,应由建设单位预付工程备料款。

实行预付备料款的建设项目,施工企业与建设单位签订的施工合同或协议中,应写明工程备料款预付数额,扣还的起扣点以及办理的手续和方法。

①预付工程备料款的确定

确定工程备料款数额的原则,应该是保证施工所需材料和构件的正常储备。预付工程备料款数额太少,备料不足,可能造成施工生产停工待料;预付数额大,会造成资金积压浪费,不便于施工企业管理和资金核算。工程备料款的数额,一般由下列因素决定:施工工期,主要材料(包括构配件)占年度建筑安装工作量比例(简称主材所占比例),材料储备期。

预付工程备料款由下列公式计算:

$$预付工程备料款 = \frac{年度建安工作量 \times 主要材料所占比重}{年度施工日历天数} \times 材料储备天数$$

或

$$预付工程备料款 = 工程备料款额度 \times 年度建安工作量$$

材料储备天数,可根据材料储备定额或当地材料供应情况确定。工程备料款额度一般不得超过当年建安工作量的30%,大量采用预制构件以及工期在6个月以内的工程可适当增加。具体额度由建筑主管部门根据工程类别、施工工期分类确定,也可由甲、乙双方根据施工工程实际测算后,确定额度,列入施工合同条款。

例5.1 某住宅工程计划完成的年度建筑安装工作量为600万元,计划工期为210天,预算价值中材料费占60%,材料储备期为70天,试确定工程备料款数额。

解 预付工程备料款 $= \dfrac{600\ 万元 \times 60\%}{210\ 天} \times 70\ 天 = 120\ 万元$

②预付工程备料款的扣还

预付工程备料款是按全年建安工作量与所需材料储备计算的,因而随着工程的进展,未完工程比例的减少,所需材料储备量也随之减少,预付的备料款应以抵扣工程价款的方式陆续扣还。工程备料款的扣还是随着工程价款的结算,以冲减工程价款的方法,逐渐抵扣,待到工程竣工时,全部工程备料款抵扣完。

a.确定工程备料款起扣点。确定预付备料款开始抵扣时间,应该以未施工工程所需主要材料及构配件的耗用额刚好同预付备款料相等为原则,工程备料款的起扣点可按下式计算:

$$起扣点进度 = \left[1 - \frac{预付备料款的额度(\%)}{主材所占比例(\%)} \right] \times 100\%$$

或
$$起扣点金额 = 工程总造价 - \frac{预付备料款}{主材所占比例}$$

例5.2 某工程计划完成年度建筑安装工作量为850万元,按本地区规定工程备料款额度为25%,材料所占比例为50%,试计算预付备料款,起扣点进度及金额。

解 (a)预付备料款数额为 $\quad$ 850万元×25% = 212.5万元

(b)起扣点进度为 $\quad 1 - \dfrac{25\%}{50\%} = 50\%$

(c)起扣点金额为 $\quad$ 850万元×50% = 425万元

或 $\quad$ 850万元 $- \dfrac{212.5万元}{50\%} = 425$万元

b.应扣工程备料款数额。工程进度达到起扣点时,应自起扣点开始,在每次结算的工程价款中抵扣工程备料款,抵扣的数量为本期工程价款数额和材料比例的乘积。一般情况下,工程备料款的起扣点与工程价款结算间隔点不一定重合。因此,第一次扣还工程备料款数额计算式与其后各次工程备料款扣还数额计算式略有不同。具体计算方法如下:

第一次扣还工程备料款数额 = 累计完成建筑安装工程费用 - 起扣点金额)×主材比例

第二次及其以后各次扣还工程备料款数额 = 期完成的建筑安装工程费用×主材比例

例5.3 设项目计划完成年度建筑安装工程产值为850万元,主要材料所占比例为50%,起扣点为425万元,8月份累计完成建安产值为525万元,当月完成建安产值为112万元,9月份完成建安产值为110万元。求8,9月份月终结算时应抵扣的工程备料款数额。

解 8 月份应抵扣的工程备料款数额为：

$$（525 - 425）万元 \times 50\% = 50 万元$$

9 月份应抵扣的工程备料款数额为：

$$110 万元 \times 50\% = 55 万元$$

（3）**工程进度款的计算**

施工企业在施工过程中，按照工程施工的进度和合同规定，按逐月（或形象进度或控制界面等）完成的工程数量计算各项费用，向建设单位（业主）收取工程进度款。

工程进度款的收取，一般是月初收取上期完成的工程进度款，当累计工程价款未达到起扣点时，此时工程进度款额应等于施工图预算中所完成建筑安装工程费用之和。当累计完成工程价款总和达到起扣点时，就要从每期工程进度款中减去应扣的备料款数额，按下式计算：

本期应收取的工程进度款 = 期完成建安费用总和 - 期应抵扣的工程备料款数额

按照有关规定，工程项目总造价中应预留出一定比例的尾留款作为质量保修费用（又称保留金），待工程项目保修期结束后最后拨付。有关尾留款应如何扣除，一般有两种做法：

①工程进度款拨付累计额达到该建筑安装工程造价的一定比例（一般为 95% ~ 97%）时，停止支付，预留造价部分作为尾留款。

②依照国家颁布的《招标文件范本》中规定执行。尾留款（保留金）的扣除，可以从发包方向承包方第一次支付的工程进度款开始，在每次承包方应得的工程款中扣留投标书附录中规定金额作为保留金，直至保留金总额达到投标书附录中规定的限额为止。

因此，在进行工程进度款结算时，尾留款（保留金）的扣除方法不同，进度款的计算方法也不同，具体怎么计算将在实例中介绍。

（4）**单位（单项）工程竣工结算书的编制**

①工程竣工结算书的方法

编制工程竣工结算书的方法有以下两种：

a. 以原工程预算书为基础，将所有原始资料中有关的变动更改项目进行详细计算，再把计算结果纳入原工程预算中进行增减调整。

b. 根据设计变更等原始资料绘制出竣工图,重新再编制一套完整的工程预算书。只有当工程变更大,修改项目多时可采用这种方法。

②竣工结算书的增减调整内容

A. 工程量量差。以工程量计算规则为准,按施工图纸计算出的工程数量与实际施工时的工程数量不符所发生的量差。量差所造成的主要原因有设计修正和设计漏项、现场施工变更、施工图预算错误等。

B. 材料价差。指合同规定的工程开工至竣工期内,因材料价格增减变化而发生的价差,分单项调整和系统调整价差。

单项调整的材料价差,必须根据合同规定的材料预算价格或预算定额规定的材料预算价格和主管部门下发的文件规定的材料市场价格计算材料价差,进行工程竣工结算书的调整。

系统调整的材料价差,必须按有关部门发布的材料价差系数文件进行调整。

C. 费用调整。产生原因:a. 因为费用(包括间接费、利润、税金)是以直接费(或人工费)为基础计取的,工程量调整必然影响到费用的调整。b. 因为在施工期间国家、地区有新的费用政策出台,需要调整。

D. 其他费用。主要包括由建设单位造成的施工单位窝工费和施工单位在施工现场使用建设单位的水、电而发生的费用等。

③单位(单项)工程竣工结算书的编制

竣工结算书通常包括封面、编制说明、竣工结算费用计算程序表、工程设计变更直接费计算明细表,各种材料价差明细表、补充单价分析表、建设单位供料计算表以及原施工图预算等。

A. 竣工结算书的组成内容具体如下:

a. 封面。在封面上列有工程名称、建设单位、建筑面积、结构类型、层数、结算造价、编制日期等,并设有建设单位、施工单位、审批单位以及编制人、复核人、审核人签字盖章的位置。

b. 编制说明。用文字加以叙述编制依据、结算范围、变更内容、双方协商处理的事项以及其他必须说明的问题。如果是包干性质的工程结算,还应着重说明包干范围以及增加项目的有关问题。

c. 竣工结算费用计算程序表即取费表。

d. 工程设计变更直接费计算明细表。表格形式见表5.1。

表 5.1　工程设计变更直接费计算明细表

××工程设计变更　　　　　　　　　　　　　　　　　　　　　　　　　　　　第　　页

洽商记录编号	定额编号	工程或费用名称	单价	增加部分					减少部分				
				数量	工料单价	工料合计	其　中		数量	工料单价	工料合计	其　中	
							人工单价	人工合价				人工单价	人工合价
		合计　应增加直接费											

审核人：　　　　　　　　　　　计算人：　　　　　　　　　　　　　　年　月　日

e. 各种材料价差明细表和补充单价分析表及建设单位供料计算表。可根据具体情况设计表格。

f. 施工图预算中的金额部分。

B. 竣工结算书的编制程序和方法。竣工结算书的编制,是在施工图预算的基础上,根据所收集的各种设计变更资料和修改图纸,先进行直接费的增、减调整计算,再按取费标准计算各项费用,最后汇总为结算造价。其编制程序和方法为:

a. 收集、整理设计变更和签证等原始资料与深入施工现场相结合,对照观察竣工工程,认真复核原始资料。

b. 以施工图预算为基础,计算竣工结算书的增、减调整内容的费用,并汇总工程竣工结算总造价。

c. 设计封面和编写说明。

d. 复制、装订、送审并签字盖章。

竣工结算书的编制是确定工程最终造价,完结建设单位与施工单位的合同关系和经济责任的依据;是确定施工企业的最终收入和施工企业经济核算、考核工程成本的依据;是反映建筑安装工程工作量和实物量的实际完成情况和建设单位编报竣工决算的依据;也是反映建筑安装工程实际造价、编制概算定额或概算指标的基础资料。

4 工程价款结算案例

例 5.4　某项工程业主与承包商签订了施工合同,双方签订的关于工程价款的合同内容有:

（1）建筑安装工程造价 600 万元,建筑材料及设备费占施工产值的比例为 60%。

（2）预付工程款为建筑安装工程造价的 20%,工程实施后,预付工程款从未施工工程尚需的主要材料及构件的价值相当于工程款数额时起扣。

（3）工程进度款逐月计算。

（4）工程保修金为建筑安装工程造价的 3%,竣工结算月一次扣留。

（5）材料价差调整按有关规定计算(规定上半年材料价差上调 10%,在 6 月份一次调增)。

工程各月实际完成产值如表 5.2。

表 5.2　各月实际完成产值

单位:万元

月　　份	2	3	4	5	6
完成产值	55	110	165	220	110

求:①该工程的预付工程款、起扣点为多少?

②该工程 2—5 月每月拨付工程款为多少? 累积工程款为多少?

③6 月份办理工程竣工决算,该工程结算造价为多少? 业主应付工程结算款为多少?

解　①预付工程款:660 万元 × 20% = 132 万元

起扣点:660 万元 – 132 万元/60% = 440 万元

②各月拨付工程款

2 月:工程款 55 万元,累计工程款 55 万元

3 月:工程款 110 万元,累计工程款 165 万元

4 月:工程款 165 万元,累计工程款 330 万元

5 月:工程款 220 万元 – (220 万元 + 330 万元 – 440 万元) × 60% = 154 万元

累计工程款 484 万元。

③工程结算总造价:660 万元 + 660 万元 × 0.6 × 10% = 699.6 万元

业主应付工程结算款:699.6 万元 – 484 万元 – (699.6 万元 × 3%) – 132 万元 = 62.612 万元

例 5.5　某项工程业主与承包商签订了施工合同,合同中含有两个子项工程,估算工程量 A 项为 2 300 m^3,B 项为 3 200 m^3。经协商合同价 A 项为 180 元/m^3,B 项为 160 元/m^3。承包合同规定:

（1）开工前业主应向承包商支付合同价20%的预付款。

（2）业主自第一个月起，从承包商的工程款中，按5%的比例扣留保修金。

（3）当本项工程实际工程量超过估算工程量10%时，可进行调价，调整系数为0.9。

（4）根据市场情况规定价格调整系数平均按1.2计算。

（5）工程师签发月度付款最低金额为25万元。

（6）预付款在最后两个月扣除，每月扣50%。

承包商每月实际完成并经工程师签证确认的工程量见表5.3。

表5.3　某工程每月实际完成并经工程师签证确认的工程量

单位：m^3

项目 \ 月份	1月	2月	3月	4月
A项	500	800	800	600
B项	700	900	800	600

求预付款、每月工程量价款、工程师应签证的工程款、实际签发的付款凭证金额各是多少？

解　①预付款金额为：$(2\,300 \times 180 + 3\,200 \times 160)$万元 $\times 20\% = 18.52$ 万元

②第一个月

工程量价款为：$(500 \times 180 + 700 \times 160)$万元 $= 20.2$ 万元

由于合同规定每月工程师签发的最低金额为25万元，故本月工程师不予签发付款凭证。

③第二个月

工程量价款为：$(800 \times 180 + 900 \times 160)$万元 $= 28.8$ 万元

应签证的工程款为：28.8 万元 $\times 1.2 \times 0.95 = 32.832$ 万元

本月工程师实际签发的付款凭证金额为：23.028 万元 $+ 32.832$ 万元 $= 55.86$ 万元

④第三个月

工程量价款为：$(800 \times 180 + 800 \times 160)$万元 $= 27.2$ 万元

应签证的工程款为：27.2 万元 $\times 1.2 \times 0.95 = 31.008$ 万元

应扣预付款为:18.52 万元 ×50% =9.26 万元

应付款为:31.008 万元 - 9.26 万元 =21.748 万元

因本月应付款金额小于 25 万元,故工程师不予签发付款凭证。

⑤第四个月

A 项工程累计完成工程量为 2 700 m³,比原估算工程量 2 300 m³ 超出 400 m³,已超过估算工程量的 10%,超出部分其单价应进行调整。则:

超过估算工程量 10% 的工程量为:2 700 m³ - 2 300 m³ ×(1 + 10%) = 170 m³

这部分工程量单价应调整为:180 元/m³ ×0.9 = 162 元/m³

A 项工程工程量价款为:(600 - 170)m³ ×180 元/m³ + 170 m³ ×162 162 元/m³ = 10.494 万元

B 项工程累计完成工程量为 3 000 m³,比原估算工程量 3 200 m³ 减少 200 m³,不超过估算工程量,其单价不予进行调整。

B 项工程工程量价款为:600 m³ ×160 162 元/m³ =9.6 万元

本月完成 A,B 两项工程量价款合计为:10.494 万元 + 9.6 万元 = 20.094 万元

应签证的工程款为:20.094 万元 ×1.2 ×0.95 = 22.907 万元

本月工程师实际签发的付款凭证金额为:21.748 万元 + 22.907 万元 - 18.52 万元 ×50% = 35.395 万元

第 **2** 课

工程竣工决算

DIERKE
GONGCHENG JUNGONG
JUESUAN

1 工程竣工决算概述

（1）工程竣工决算及其分类

工程竣工决算是指在竣工验收交付使用阶段，由建设单位编制的建设项目从筹建到竣工投产或使用全过程实际造价和投资效果的经济文件。

为了严格执行建设项目竣工验收制度，正确核定新增固定资产价值，考核投资效果，建立健全经济责任制，按照国家关于建设项目竣工验收的规定，所有的新建、扩建、改建和重建的建设项目竣工后都要编制竣工决算。根据建设项目规模的大小，可分为大、中型建设项目竣工决算和小型建设项目竣工决算两大类。

必须指出，施工企业为了总结经验，提高经营管理水平，在单位工程竣工后，往往也编制单位工程竣工成本决算，核算单位工程的实际成本、预算成本和成本降低额，作为实际成本分析、反映经营成果、总结经验和提高管理水平的手段。它与建设工程竣工决算，在概念的内涵上是不同的。

（2）工程竣工决算的作用

①为加强建设工程的投资管理提供依据

建设单位项目竣工决算全面反映出建设项目从筹建到竣工投产或交付使用的全过程中各项费用实际发生数额和投资计划的执行情况，通过把竣工决算的各项费用数额与设计概算中的相应费用指标对比，得出节约或超支的情况，分析节约或超支的原因，总结经验和教训，加强投资的计划管理，提高建设工程的投资效果。

②为设计概算、施工图预算和竣工决算（以下简称"三算"）对比提供依据

设计概算和施工图预算是在建筑施工前，在不同的建设阶段根据有关资料进行计

202

算,确定拟建工程所需要的费用。而建设单位项目竣工决算所确定的建设费用,是人们在建设活动中实际支出的费用。因此,它在"三算"对比中具有特殊的作用,能够直接反映出固定资产投资计划完成情况和投资效果。

③为竣工验收提供依据

在竣工验收之前,建设单位向主管部门提出验收报告,其中主要组成部分是建设单位编制的竣工决算文件。并以此作为验收的主要依据,审查竣工决算文件中的有关内容和指标,为建设项目验收结果提供依据。

④为确定建设单位新增固定资产价值提供依据

在竣工决算中,详细地计算了建设项目所有的建筑工程费、安装工程费、设备费和其他费用等新增固定资产总额及流动资金,可作为建设主管部门向企事业使用单位移交财产的依据。

2 工程竣工决算的编制依据

①建设工程计划任务书和有关文件。

②建设工程总概算书和单项工程综合概预算书。

③设计图交底或施工图会审的会议纪要,建设工程项目设计图及说明,其中包括总平面图、建筑工程施工图、安装工程施工图、设计变更记录、工程师现场签证及有关资料。

④设计变更通知书、现场工程变更签证、施工记录,各种验收资料,停(复)工报告。

⑤关于材料、设备等价差调整的有关规定,其他施工中发生的费用记录。

⑥竣工图。

⑦各种结算材料,包括建筑工程的竣工结算文件、设备安装工程结算文件、设备购置费用结算文件、工器具和生产用具购置费用结算文件等。

⑧国家和地方主管部门颁发的有关建设工程竣工决算的文件。

3 工程竣工决算的编制内容

建设项目竣工决算应包括从筹划到竣工投产全过程的全部实际费用,即建筑工程费用、安装工程费用、设备工器具购置费用和工程建设其他费用以及预备费和投资方向调节税支出费用等。竣工决算的内容包括竣工财务决算说明书、竣工财务决算报表、工程竣工图和工程造价对比分析4个部分,前两个部分又称为建设项目竣工财务决算,是竣工决算的核心内容和重要组成部分。

(1) 竣工财务决算说明书

竣工决算说明书主要包括以下内容:

①建设项目概况。

②会计账务的处理、财产物资情况及债权债务的清偿情况。

③资金节余、基建结余资金等的上交分配情况。

④主要技术经济指标的分析、计算情况。

⑤基本建设项目管理及决算中存在的问题、建议。

⑥需说明的其他事项。

(2) 建设项目竣工财务决算报表

建设项目竣工财务决算报表按大、中型建设项目和小型建设项目分别制订。具体报表如下:

大、中型建设项目竣工财务决算报表
- 建设项目竣工财务决算审批表(见表5.4)
- 大、中型建设项目概况表(见表5.5)
- 大、中型建设项目竣工财务决算表(见表5.6)
- 大、中型建设项目交付使用资产总表(见表5.7)
- 建设项目交付使用资产明细表(见表5.8)

小型建设项目竣工财务决算报表
- 建设项目竣工财务决算审批表(见表5.4)
- 小型建设项目竣工财务决算总表(见表5.9)
- 建设项目交付使用资产明细表(见表5.8)

①建设项目竣工财务决算审批表(见表5.4)。大、中、小型建设项目竣工决算均要填报此表。

A. 建设性质按新建、扩建、改建、迁建和恢复建设项目等分类填列。

B. 主管部门是指建设单位的主管部门。

C. 所有建设项目均须先经开户银行签署意见后,按下列要求报批:

a. 中央级小型建设项目由主管部门签署审批意见。

b. 中央级大、中型建设项目报所在地财政监察专员办事机构签署意见后,再由主管部门签署意见报财政部审批。

c. 地方级项目由同级财政部门签署审批意见即可。

表5.4　建设项目竣工财务决算审批表

建设项目法人(建设单位)		建设性质	
建设项目名称		主管部门	

开户银行意见：
盖　章 年　　　月　　　日
专员办审批意见：
盖　章 年　　　月　　　日
主管部门或地方财政部门审批意见：
盖　章 年　　　月　　　日

　　D.已具备竣工验收条件的项目,3个月内应及时填报此审批表,如3个月内不办理竣工验收和固定资产移交手续的视同项目已正式投产,其费用不得从基建投资中支付,所实现的收入作为经营收入,不再作为基建收入管理。

　　②大、中型建设项目概况表(见表5.5)。此表用来反映建设项目总投资、基建投资支出、新增生产能力、主要材料消耗和主要技术经济指标等方面的设计或概算数与实际完成数的情况。其具体内容和填写要求如下：

表 5.5　大、中型建设项目概况表

建设项目（单项工程）名称			建设地址				项　目			概算	实际	主要指标
主要设计单位			主要施工企业				建筑安装工程					
占地面积	计划	实际	总投资/万元	设　计		实　际		设备工器具				
				固定资产	流动资产	固定资产	流动资产	待摊投资其中:建设单位管理费				
								其他投资				
新增生产能力	能力（效益）名称	设　计		实　际				待核销基建支出				
建设起止时间	设计	从　年　月开工至　年　月　竣工						非经营项目转出投资				
	实际	从　年　月开工至　年　月　竣工						合　计				
设计概算批准文号							主要材料消耗	名　称	单　位	概算	实际	
完成主要工程量	建筑面积/m²		设计（台套吨）					钢材	t			
								木材	m³			
	设计	实际	设　计		实　际			水泥	t			
收尾工程	工程内容		投资额		完成时间		主要技术经济指标					

A. 建设项目名称、建设地址、主要设计单位和主要施工单位应按全称名填列。

B. 各项目的设计、概算、计划指标是指经批准的设计文件和概算、计划等确定的指标数据。

C. 设计概算批准文号，是指最后经批准的日期和文件号。

D. 新增生产能力、完成主要工程量、主要材料消耗的实际数据，是指建设单位统计资料和施工企业提供的有关成本核算资料中的数据。

E. 主要技术经济指标，包括单位面积造价、单位生产能力、单位投资增加的生产能力、单位生产成本和投资回收年限等反映投资效果的综合性指标。

F. 基建支出，是指建设项目从开工起至竣工止发生的全部基建支出。包括形成资产价值的交付使用资产，即固定资产、流动资产、无形资产、递延资产支出以及不形成资产价值按规定应核销的非经营性项目的待核销基建支出和转出投资。

a. 建筑安装工程投资支出、设备工器具投资支出、待摊投资支出和其他投资支出构成建设项目的建设成本。

建筑安装工程投资支出是指建设单位按项目概算发生的建筑工程和安装工程的实际成本。不包括被安装设备本身的价值以及按合同规定支付给施工企业的预付备料款和预付工程款。

设备工具器投资支出是指建设单位按照项目概算内容发生的各种设备的实际成本和为生产准备的不够固定资产标准的工具、器具的实际成本。

待摊投资支出是指建设单位按项目概算内容发生的，按规定应当分摊计入交付使用资产价值的各项费用支出，包括建设单位管理费、土地征用及迁移补偿费、勘察设计费、研究试验费、可行性研究费、临时设施费、设备检验费、负荷联动试运转费、包干结余、坏账损失、借款利息、合同公证及工程质量监理费、土地使用税、汇兑损益、国外借款手续费及承诺费、施工机构迁移费、报废工程损失、耕地占用税、土地复垦及补偿费、投资方向调节税、固定资产损失、器材处理亏损、设备盘亏毁损、调整器材调拨价格折价、企业债券发行费用、概（预）算审查费、（贷款）项目评估费、社会中介机构审计费、车船使用税、其他待摊销投资支出等。建设单位发生单项工程报废时，按规定程序报批并经批准以单项工程的净损失，按增加建设成本处理，计入待摊投资支出。

其他投资支出是指建设单位按项目概算内容发生的构成建设项目实际支出的房屋购置和基本畜禽、林木等购置、饲养、培养支出以及取得各种无形资产和递延资产发生的支出。

b. 待核销基建支出是指非经营性项目发生的江河清障、航道清淤、飞播造林、补助群众造林、水土保持、城市绿化、取消项目可行性研究费、项目报废等不能形成资产部分的投资。但是若形成资产部分的投资，应计入交付使用资产价值。

c. 非经营性项目转出投资支出是非经营性项目为项目配套的专用设施投资，包括专用道路、专用通信设施、送变电站、地下管道等,其产权不属本单位的投资支出。但是,若产权归属本单位,应计入交付使用资产价值。

G.收尾工程是指全部工程项目验收后还遗留的少量工程。在此表中应明确填写收尾工程内容、完成时间,尚需投资额(实际成本),可根据具体情况进行并加以说明,完工后不再编制竣工决算。

③大、中型建设项目竣工财务决算表(表5.6)。此表是用来反映建设项目的全部资金来源和资金占用(支出)情况,是考核和分析投资效果的依据。该表是采用平衡表形式,即资金来源合计等于资金占用(支出)合计。

表 5.6　大、中型建设项目竣工财务决算表

单位:元

资金来源	金额	资金占用	金额	补充资料
一、基建拨款		一、基本建设支出		1.基建投资借款期末余额
1.预算拨款		1.交付使用资产		
2.基建基金拨款		2.在建工程		2.应收生产单位投资借款期末数
3.进口设备转账拨款		3.待核销基建支出		
4.器材转账拨款		4.非经营项目转出投资		
5.煤代油专用基金拨款		二、应收生产单位投资借款		
6.自筹资金拨款		三、拨付所属投资借款		
7.其他拨款		四、器材		
二、项目资本		其中:待处理器材损失		
1.国家资本		五、货币资金		
2.法人资本		六、预付及应收款		
3.个人资本		七、有价证券		
三、项目资本公积		八、固定资产		
四、基建借款		固定资产原值		
五、上级拨入投资借款		减:累计折旧		
六、企业债券资金		固定资产净值		
七、待冲基建支出		固定资产清理		

资金来源	金额	资金占用	金额	补充资料
八、应付款		待处理固定资产损失		
九、未交款				
1. 未交税金				
2. 未交基建收入				
3. 未交基建包干节余				
4. 其他未交款				
十、上级拨入资金				
十一、留成收入				
合　计		合　计		

A. 资金来源包括基建拨款、项目资本金、项目资本公积金、基建借款、上级拨入投资借款、企业债券资金、待冲基建支出、应付款和未交款以及上级拨入资金和企业留成收入等。

a. 预算拨款、自筹资金拨款及其他拨款、项目资本金、基建借款及其他借款等项目,是指自开工建设至竣工止的累计数,应根据历年批复的年度基本建设财务决算和竣工年度的基本建设财务决算中资金平衡表相应项目的数字经汇总后的投资额。

b. 项目资本金是经营性项目投资者按国家关于项目资本金制度的规定,筹集并投入项目的非负债资金。按其投资主体不同,分为国家资本金、法人资本金、个人资本金和外商资本金,并在财务决算表中单独反映,竣工决算后,相应转为生产经营企业的国家资本金、法人资本金、个人资本金和外商资本金。国家资本金包括中央财政预算拨款、单方财政预算拨款、政府设立的各种专项建设基金和其他财政性资金等。

c. 项目资本公积金。此处的项目资本公积金是指经营性项目对投资者实际缴付的出资额超出其资金的差额(包括发行股票的溢价净收入)、资产评估确认价值或者合同、协议约定价值与原账面净值的差额、接受捐赠的财产、资本汇率折算差额等,在项目建设期间作为资本公积金。项目建成交付使用并办理竣工决算后,转为生产经营企业的资本公积金。

d. 基建收入是指基建过程中形成的各项工程建设副产品变价净收入、负荷试车的试运行收入以及其他收入。具体内容如下：

● 工程建设副产品变价净收入，包括煤炭建设过程中的工程煤收入、矿山建设中的矿产品收入、油(汽)田钻井建设工程中的原油(汽)收入和森工建设中的路影材收入等。

● 经营性项目为检验设备安装质量进行的负荷试车或按合同及国家规定进行试运行所实现的产品收入，包括水利、电力建设移交生产前的水、电、热费收入，原材料、机电轻纺、农林建设移交生产前的产品收入，铁路、交通临时运营收入等。

● 各类建设项目总体建设尚未完成和移交生产，但其中部分工程简易投产而发生的经营性收入等。

● 工程建设期间各项索赔以及违约金等其他收入。

以上各项基建收入均是以实际所得纯收入计列，即实际销售收入扣除销售过程中所发生的费用和税后的纯收入。

B. 资金占用(支出)反映建设项目从开工准备到竣工全过程的资金支出的全面情况。具体内容包括基本建设支出、应收生产单位投资借款、库存器材、货币资金、有价证券和预付及应收款以及拨付所属投资借款和库存固定资产等。

C. 补充资料的"基建投资借款期末余额"是指建设项目竣工时尚未偿还的基建投资借款数，应根据竣工年度资金平衡表内的"基建借款"项目期末数填列；"应收生产单位投资借款期末数"应根据竣工年度资金平衡表内的"应收生产单位投资借款"项目的期末数填列；"基建资金结余资金"是指竣工时的结余资金，应根据竣工财务决算表中有关项目计算填列。

D. 大、中型建设项目交付使用资产总表(见表5.7)。交付使用资产总表是反映建设项目建成后，交付使用新增固定资产、流动资产、无形资产和递延资产的全部情况及价值，作为财产交接、检查投资计划完成情况和分析投资效果的依据。表中各栏目数据应根据交付使用资产明细表的固定资产、流动资产、无形资产、递延资产的汇总数分别填列，表中总计栏的总计数应与竣工财务决算表中的交付使用资产的金额一致。第2,7栏的合计数和8,9,10栏的数据应与竣工财务决算表交付使用的固定资产、流动资产、无形资产、递延资产的数据相符。

表5.7　大、中型建设项目交付使用资产表

单位:元

单项工程项目名称	总计	固定资产					流动资产	无形资产	递延资产
		建筑工程	安装工程	设备	其他	合计			
1	2	3	4	5	6	7	8	9	10

交付单位盖章　　　　　　　年　月　日　　　　　　接收单位盖章　　　　　　　年　月　日

E.建设项目交付使用资产明细表(表5.8)。大、中型和小型建设项目均要填列此表,该表是交付使用财产总表的具体化,反映交付使用固定资产、流动资产、无形资产和递延资产的详细内容,是使用单位建立资产明细账和登记新增资产价值的依据。表中固定资产部分要逐项盘点填列;工具、器具和家具等低值易耗品,可分类填列。各项合计数应与交付使用资产总表一致。

表5.8　建设项目交付使用资产明细表

单项工程项目名称	建筑工程			设备、工具、器具、家具						流动资产		无形资产		递延资产	
	结构	面积/m²	价值/元	名称	规格型号	单位	数量	价值/元	设备安装费/元	名称	价值/元	名称	价值/元	名称	价值/元
合　计															

交付单位盖章　　　　　　　年　月　日　　　　　　接收单位盖章　　　　　　　年　月　日

F.小型建设项目竣工财务决算总表(见表5.9)。该表是大、中型建设项目概况表与竣工财务决算表合并而成的,主要反映小型建设项目的全部工程和财务情况。可参照大、中型建设项目概况表指标和大、中型建设项目竣工财务决算的指标口径填列。

表5.9 小型建设项目竣工财务决算总表

建设项目名称		建设地址				资金来源		资金运用	
初步设计概算批准文号						项目	金额/元	项目	金额/元
						一、基建拨款 其中:预算拨款		一、交付使用资产	
占地面积	计划	实际	总投资/万元	设计	实际			二、特核销基建支出	
				固定资产 / 流动资产	固定资产 / 流动资产	二、项目资本		三、非经营项目转出投资	
						三、项目资本公积			
新增生产能力	能力(效益)名称	设计		实际		四、基建借款		四、应收生产单位投资借款	
						五、上级拨入投资借款			
建设起止时间	设计	从 年 月开工至 年 月 竣工				六、企业债券资金		五、拨付所属投资借款	
	实际	从 年 月开工至 年 月 竣工				七、待冲基建支出		六、器材	
基建支出	项目		概算/元	实际/元		八、应付款		七、货币资金	
	建筑安装工程					九、未交款 其中:未交基建收入 未交包干收入		八、预付及应收款	
	设备工器具							九、有价证券	
	待摊投资 其中:建设单位管理费							十、原有固定资产	
						十、上级拨入资金			
	其他投资					十一、留成收入			
	待核销基建支出								
	非经营项目转出投资								
	合　计					合　计		合　计	

(3)建设工程竣工图

建设工程竣工图是真实地记录各种地上地下建筑物、构筑物等情况的技术文件，是工程进行交工验收、维护改建和扩建的依据,是国家的重要技术档案。国家规定:各项新建、扩建、改建的基本建设工程,特别是基础、地下建筑、管线、结构、井巷、硐室、桥梁、隧道、港口、水坝以及设备安装等隐蔽部位,都要编制竣工图。为确保竣工图质量,必须在施工过程中(不能在竣工后)及时作好隐蔽工程检查记录,整理好设计变更文件。其具体要求:

①凡按图竣工没有变动的,由施工单位(包括总包和分包施工单位,下同)在原施工图上加盖"竣工图"标志后,即作为竣工图。

②凡在施工过程中,虽有一般性设计变更,但能将原施工图加以修改补充作为竣工图的,可不重新绘制,由施工单位负责在原施工图(必须是新蓝图)上注明修改的部分,并附以设计变更通知单和施工说明,加盖"竣工图"标志后,作为竣工图。

③凡结构形式改变、施工工艺改变、平面布置改变、项目改变以及有其他重大改变,不宜再在原施工图上修改、补充者,应重新绘制改变后的竣工图。由设计原因造成的,由设计单位负责重新绘图;由施工原因造成的,由施工单位负责重新绘图;由其他原因造成的,由建设单位自行绘图或委托设计单位绘图。施工单位负责在新图上方盖"竣工图"标志,并附以有关记录和说明,作为竣工图。

④为了满足竣工验收和竣工决算需要,还应绘制能反映竣工工程全部内容的工程设计平面示意图。

(4)工程造价比较分析

经批准的概、预算是考核实际建设工程造价的依据,在分析时,可将决算报表中所提供的实际数据和相关资料与批准的概预算指标进行对比,以反映出竣工项目总造价和单方造价是节约还是超支,在比较的基础上,总结经验教训,找出原因,以利改进。

在考核概、预算执行情况,正确核实建设工程造价,财务部门首先应积累概、预算动态变化资料,如设备材料价差、人工价差和费率价差及设计变更资料等;其次,考查竣工工程实际造价节约或超支的数额。为了便于进行比较分析,可先对比整个项目的总概算,然后对比单项工程的综合概算和其他工程费用概算,最后对比分析单位工程概算,并分别将建筑安装工程费、设备工器具费和其他工程费用逐一与竣工决算的实际工程造价对比分析,找出节约和超支的具体内容和原因。在实际工作中,侧重分析以下内容:

①主要实物工程量。概、预算编制的主要实物工程量的增减必然使工程概、预算造价和竣工决算实际工程造价随之增减。因此,要认真对比分析和审查建设项目的建设规模、结构、标准、工程范围等是否遵循批准的设计文件规定,其中有关变更是否按

照规定的程序办理,它们对造价的影响如何。对实物工程量出入较大的项目,还必须查明原因。

②主要材料消耗量。在建筑安装工程投资中,材料费一般占直接工程费的70%以上,因此考核材料费的消耗是重点。在考核主要材料消耗量时,要按照竣工决算表中所列三大材料实际超概算的消耗量,查清是在哪一个环节超出量最大,并查明超额消耗的原因。

③建设单位管理费、建筑安装工程其他直接费、现场经费和间接费。要根据竣工决算报表中所列的建设单位管理费与概算所列的建设单位管理费数额进行比较,确定其节约或超支数额,并查明原因。对于建筑安装工程其他直接费、现场经费和间接费的费用项目的取费标准,国家和各地均有统一的规定,要按照有关规定查明是否多列或少列费用项目,有无重计、漏计、多计的现象以及增减的原因。

以上所列内容是工程造价对比分析的重点,应侧重分析。但对具体项目应进行具体分析,究竟选择哪些内容作为考核、分析重点,还得因地制宜,视项目的具体情况而定。

4 工程竣工决算的编制步骤与方法

(1)收集、整理和分析有关依据资料

在编制建设工程竣工决算文件前,必须准备一套完整、齐全的资料。这是准确、迅速编制竣工决算的必要条件之一。在工程的竣工验收阶段,应注意收集资料,系统地整理所有的技术资料、工程结算的经济文件、施工图纸和各种变更与签证资料,并分析它们的准确性。

(2)清理各项账务、债务和结余物资

在收集、整理和分析有关资料中,要特别注意建设工程从筹建到竣工投产(或使用)的全部费用的各项账务、债权和债务的清理,做到工完账清。既要核对账目,又要查点库有实物的数量,做到账与物相等,账与账相符,对结余的各种材料、工器具和设备,要逐项清点核实,妥善管理,并按规定及时处理,收回资金。对各种往来款项要及时进行全面清理,为编制竣工决算提供准确的数据和结果。

(3)填写竣工决算报表

按照建设工程决算表格中的内容,根据编制依据中的有关资料进行统计或计算各个项目的数量,并将其结果填到相应表格的栏目内,完成所有报表的填写。它是编制

建设工程竣工决算的主要工作。

(4) 编写建设工程竣工决算说明

按照建设工程竣工决算说明的内容要求,根据编制依据材料和填写在报表中的结果,编写文字说明。

(5) 上报主管部门审查

将上述编写的文字说明和填写的表格经核对无误,装订成册,即为建设工程竣工决算文件。将其上报主管部门审查,并把其中财务成本部分送交开户银行签证。竣工决算在上报主管部门的同时,抄送有关设计单位。大、中型建设项目的竣工决算还应抄送财政局、建设银行总行和省、市、自治区的财政局和建设银行分行各一份。

专题:工程预算软件

环境艺术工程概预算中,查询量和计算量相当大,手工做预算不仅时间长,且容易出错,往往不能满足实际工作中要求迅速、准确地算出投标报价的需要。另外这也是一项烦琐的工作,重复性工作多,这种类型的工作最适合计算机来完成。如今,造价软件已遍布各地区各企业,应用计算机编制工程概预算有很多优点,如,编制速度快,工作效率高,减轻概预算人员的劳动强度;计算准确;修改数据方便;数据丰富、齐全,便于对概预算进行审核或进行对比等。

由此可见,在预算教学内容中安排软件学习是势在必行的。学生在原有理论知识的基础上学习造价软件就较容易,同时也能检验理论知识的掌握程度。笔者建议选择本地区使用最广泛的软件来教学,仍以课程实训中手工编制预算的工程实例展开练习,对比手工预算和软件计算的结果是否一致。由于学生对该工程较为熟悉,其更容易在软件计算中调整特殊计算公式以处理难点问题。

(1) 预算软件概述

信息技术在我国工程造价管理领域的使用最早可以追溯到 1973 年,当时我国杰出的科学家华罗庚教授就在沈阳进行了用计算机编制建筑工程概预算的研究。随后,全国各地的定额管理机构和一些大型建筑公司也都尝试使用计算机编制预算软件,而且也取得了一定的成果。

我国过去一直采取计划经济模式,对建筑产品的价格实行严格的管理制度,使得我国目前的定额都基本呈现出"量价合一"的特点。近年来,建筑工程"定额定价"将逐渐向"市场定价"转化,并要与国际惯例接轨。因此,我国现阶段的工程造价软件从总体上来讲是一种处于过渡期的产品。

由于建筑安装工程预算定额和间接费用定额由各省、自治区和直辖市负责管理,有关专业性的定额由中央各部门负责修订、补充和管理,造成我国工程量计算规则和定额项目在各地区、各行业的不统一。由于各地区的定额差异很大,而且各地区人工、材料单价、取费的费率差异也很大,所以编制一套全国通用的概预算软件是很困难的。

针对我国造价管理的特点,一些从事软件设计的专业公司通过研究造价的管理理论,编制了一些工程造价软件,而且可以做到使用统一的概预算程序接挂不同地区、不同行业的定额库,从而实现编制基于不同定额的工程概预算。如北京广联达软件技术有限公司、海口神机计算机科技有限公司、武汉海文公司、河北奔腾计算机技术有限公司等都先后开发了工程量计算软件、钢筋用量计算软件和工程套价软件等许多产品。这些产品的应用,基本上解决了我国目前体制下的概预算编制和审核、统计报表以及施工过程中的工程结算的编制问题。

(2)预算软件的分类

按照软件的内容和计算方法的不同,一般分为工程套价系列软件、工程量自动计算软件、钢筋用量自动计算软件等。按照建筑工程专业的不同,可分为建筑工程预算软件、安装工程预算软件、市政工程预算软件、古建筑预算软件等。

①建设工程套价系列软件

工程套价软件一般是由工程项目管理、预算书编制、汇总输出、基础数据维护、当前工程审核、编辑、系统管理、帮助共 8 个主题组成。其中,当前工程审核为用户可选配置功能,主要适用于审计部门及预(结)算审查部门审查工程预(结)算及招标标底的确定。

此类软件要求工程量的计算基本由人工完成,在软件中输入工程量的结果或输入工程量的计算表达式,由软件完成对该表达式的计算功能,然后利用软件来自动计算工程造价和汇总、分析。

②图形工程量自动计算软件

建筑工程概预算工作最繁重的任务在于工程量的计算,预算人员大部分精力要花费在这个阶段。图形工程量自动计算软件是以绘制工程简图的形式输入建筑图、结构图,自动计算工程量,同时自动套用定额和相关子目,并能生成各种工程量报表。使用概算软件工作效率高、计算准确,能够极大程度地减轻手工计算工程量的工作负担。此类软件有着强大的绘图功能,并在实用性、易用性方面有了进一步的优化。可以将定额项目和工程量直接导出到套价软件,极大地提高了工作效率。

图形工程量计算软件的突出特点主要表现在以下几个方面:

a. 将复杂的工程量计算转换为建筑施工简图的绘制,操作简便。

b. 任意多组辅助轴网和灵活的定位方式,可以绘制任意复杂图形。

c. 图形参数化管理,定额选取方便,参数定义明确,修改方便。

d. 提供完善的绘图跟踪功能,随时撤销或重做上次操作。

e. 剪贴板功能,实现图形在文件与文件、层与层之间的粘贴和类型转换。

③钢筋用量自动计算软件

建筑工程预算中除了工程量计算要求必须准确外,结构构件本身的复杂性也使工程量的计算占用了大量时间,而其中钢筋用量的计算最为烦琐,需要统计、汇总大量的工程数据,很多工作却是重复的、简单的四则运算,而计算机技术的普及,为实现钢筋用量计算的电算化提供了必要的条件。

钢筋用量自动计算软件是根据现行的建筑结构施工图的特点和结构构件钢筋计算的特点而研制的。在结构构件图标上可直接录入原始数据,形象直观,可实现钢筋计算的自动化与标准化。

(3)预算软件的功能

目前,已应用到实际中的工程造价软件,一般都提供了工程项目管理、定额管理、费用管理和预算编制四大基本功能。

①工程项目管理功能

工程项目管理功能可以对项目管理库进行添加、查询、修改、删除等。该库的作用是:每项工程在编制预算前把各种基本特征数(如工程名称、工程结构类型等)输入该库,并在预算结束后把各种造价分析数据(如定额直接费、综合间接费等)补充在该工程记录内。

②定额管理的功能

概预算定额库是根据各地区的概预算定额、间接费定额、材料设备价格及选价汇编等建立的。它包括定额库文件、补充定额库文件和价格文件。定额管理功能是对定额数据进行管理操作,可对定额库进行添加、查询、修改、删除等。如果今后用到补充项目,随时可以输入。

③费用管理功能

费用管理功能是对预算费用项目及标准的费用数据进行添加、查询、修改、删除等。

④预算编制功能

预算编制功能具有初始数据输入、套定额计算和报表输出等子功能。例如，可以报表的形式将工程预算表、取费表、材料价差计算表、工料分析报告、机械分析报告等快速、准确地输出。

（4）预算软件的内容和使用功能

①工程项目管理系统

基本建设工程一般划分为建设项目、单项工程、单位工程、分部工程和分项工程。目前，国内大多数的概预算软件对工程项目的管理都只有一级，即以单位工程为管理对象，也有少数为三级管理，即建设项目、单项工程和单位工程的管理。当编制工程概预算时，以单位工程为基本单位，各单位工程的概预算文件可自动逐级汇总形成单项工程综合概算，各单项工程的综合概算进而可自动汇总为建设项目总概算。这种设计层次感强，管理大型项目十分方便。该软件在一个单位工程内部，还提供了多级的自定义分部功能，可以由用户来定义自己需要的分部，如基础、结构和装修等，在一个分部的下面仍然可以定义分层，分层的下面可以再定义分段和分项等。这种单位工程内的层次管理，与现场实际相结合，就可以方便项目经理部的施工预算以及总包、分包之间的预算和结算等问题。

②多种子目输入方法

定额的套用是编制工程概预算的最基本工作，也是影响工程造价编制速度的一个重要因素。通常在手工查套定额时，针对分项工程项目，翻看定额，找到相应的定额号，抄写定额名称、基价、各种材料消耗量等，同时还要经常翻阅定额章节说明、附录、标准图集等，而审核时还要再去重复这些工作。目前我国的主要预算软件都充分利用计算机存储量大、检索速度快的特点，把所有的定额信息都建立了数据库。这样，使用软件时就可采用多种方式随时调用。软件中常用的子目输入方法如下：

a. 直接输入。即输入定额号，软件就能够自动检索出定额子目的名称、单位、单价及人工、材料和机械消耗量等，这一功能非常适合习惯于人工查套定额的用户。

b. 按章节检索定额子目。它模仿手工翻查定额本的过程，通过在软件界面上直接选择定额章节来查找子目。而且软件一般还提供了定额的章节说明、计算规则、工作内容以及注意事项，所以使用概预算软件，一般用户都可以脱离定额，完全使用软件来编制工程预算。

c. 按关键字查询定额子目。举例说明，如果需要检索等级为 C20 的混凝土子目，只需在软件中输入关键字"C20"，则所有定额名称中的包括该关键字的定额子目都能显示出来供选择。这一功能主要用于查找不太常用的、难以凭记忆区分章节的子目。

d. 标准图集智能查套子目。在工程设计上常采用许多标准设计，所以设计图纸上一般标明了所采用的图集及代号，但并不给出具体的做法。所以在编制工程概预算时，一般都需要查阅相应的标准图集，如门窗图集、预制构件图集等。以编制门窗部分预算为例，首先在图纸上查看设计所采用的图集以及门窗代号，然后翻阅相应图集，再根据门窗图集提供的做法信息查找定额本，以确定该做法所对应的定额子目，这个过程是非常烦琐的。一些软件提供了对门窗、装修做法及预制构件图集的全面支持，在软件中，使用者只需选择软件提供的图纸并选择相应做法，软件则会智能化地查套出标准图集及相应正确的子目和工程量。这些标准图集的智能化使用大大减轻了预算编制人员的工作量。

③多种工程量的计算方法

在编制预算的过程中，最大的问题就是工程量的计算。一般来说，工程量的计算占手工编制预算的工作量的60%以上。因为工程量计算的速度和准确性对概预算的编制起着决定性的作用，因此运用概预算软件进行计算的优势就不言而喻了。软件工程量计算方法主要包括以下几种：

a. 直接输入工程量。就是将计算好的工程量结果值直接输入到工程量表达式栏，这种输入方式一般用于习惯手工计算工程量或预算校核者。

b. 利用表达式输入工程量。就是将工程量计算的四则运算表达式直接输入到工程量表达式栏，系统会自动将计算出的结果值显示在工程量栏中。

c. 草稿纸计算法。上面的表达式法计算工程量，最大的不足是遇到一个复杂的计算时难以用一行表达式表达，而且过长的表达式也不便于审核人员的校对。而一些软件公司的软件中提供了一张"草稿纸"，使用者可以按一定的规则，将类似手工书写在草稿纸上的计算步骤写入软件，每一步骤还能加上注释，软件就可以自动地汇总出最终工程量。这种方法，对于没有图形算量软件的使用者非常实用，因为它模仿手工的计算过程，和手工习惯几乎一致，省去人工计算过程，并且该计算过程可以在输出的工程量计算书中完全反映，这对于工程量的核对也非常方便。

d. 引用工程量法。即一个子目在计算工程量时能够引用其他子目的工程量。这样，当被引用的子目工程量发生变化时，该子目的工程量也能自动发生相应的变化。这种方法完全是根据统筹法计算工程量原理而设计的，使用者可以根据该原理，确定一个科学的工程量计算次序，这也可以大大提高工程量的计算速度。

e. 常用标准公式法计算工程量。工程量计算非常复杂，需要使用大量的计算公式。所以在计算工程量时,常常需要翻阅有关数学手册查找某个计算公式。一些软件公司的软件中提供了所有的常用计算公式,而且都是以图形的方式提供,使用者需要时不必再去查阅资料,只需选择相应的图形公式,并输入软件提示的相应参数,就可以得到工程量。

f. 图形自动计算工程量。上述几种方法对于计算工程量来说解决了一些问题,要想彻底地解决工程量问题,就需要采用更为先进的手段。近年来,随着计算机技术的发展,部分软件公司在图形算量方面取得了较大的进展。它以描图的方式输入建筑图、结构图和基础图,同时套用相关子目,自动计算工程量。

④智能换算和补充子目

定额是综合测定和定期修编的,但实际工程则是千差万别的,加上近年来新工艺、新材料不断出现,所以在编制工程预算的过程中遇到定额缺项是一种常见的现象。定额管理部门一般规定,在编制工程概预算的过程中如果发现定额缺项,应由概预算编制单位编制概预算补充子目,或以相近的定额子目为蓝本进行换算处理。

手工解决这个问题比较麻烦。首先,一条子目有多少种换算方法及如何换算必须翻查定额本中的说明;其次,因为定额的单价(即人工费、材料费、机械费)是由相关人、材、机消耗量及其单价决定的,因此,换算一种材料后,必须手工重新计算子目的单价。目前我国的预算软件一般都提供了多种换算功能。

a. 直接换算。即可以直接打开一条需要换算子目的人、材、机消耗表,在该表中可以任意删除、增加和替换一条材料,可以对任意工料的消耗量进行修改。这种方法可以实现所有的换算形式,但相对下面的换算形式,其操作就显得有些烦琐了。

b. 智能换算。一般子目都有一些常用的换算形式,如砂浆、混凝土强度换算,墙厚和板厚的换算等。一些软件公司的软件正是利用了这一固定的特性,开发了智能换算功能。智能换算有两种操作形式:一是输入子目时输入换算信息法;二是先输入子目,再调用智能换算子目。

另外,在实际编制工程概预算的过程中,总有一些子目需要补充。一般概预算软件还应提供直接补充子目或借用定额子目建立补充子目等方法,并且补充子目还可以存档和维护,经过存档的补充子目在下一次使用时,可以和普通定额子目一样被调用。

⑤工料分析和按市场价格调整材料价差

调价工作是计划经济向市场经济转轨的产物。现在各地定额管理机关普遍发行材料价格信息,依据这些材料价格信息,预算人员就可以进行调价处理。但由于工程项目所涉及的材料种类很多,一般项目也常常达到数百种,所以调价工作如果用手工计算,是一项非常烦琐的劳动。

手工编制预算时,调价处理首先应该进行准确的工料分析,在工料分析的基础上,再通过查询材料的市场价格来确定每种材料的价差,最后汇总所有材料的价差值得到整个项目的价差。我国大部分由造价管理部门协助开发的软件对这个问题的处理方法是对于市场信息价采用"电子信息盘"方式来解决,工程造价管理机构一般都定期发布工程造价信息,并将这些内容做成电子版造价信息。这种电子版造价信息可以以软盘的方式向用户邮寄,用户也可以通过互联网下载,或通过当地服务机构索取等。获得信息盘后,通过软件提供的安装功能装入到该软件,这样价差的计算工作软件同样也可以自动完成。另外,有些地区的工程材料调价不是以某一期信息价作为调价基准,而是根据施工期间材料购买幅度,结合此时造价管理机构公布的市场价格,加权平均得到均衡市场价来进行调价;还有些地区的材料,部分按照实际调整,部分用系数调整,这些情况在软件设计时也都需要考虑。

⑥工程取费

全国各地的取费定额一般都严格规定了不同类型建筑的取费程序,并对费率和取费基数也都作出了严格的规定。因此概预算软件也应在各地定额库中建立当地所有类型建筑工程取费标准的模板。一套模板针对一个建筑类型,取费程序、费率和取费基数都已经完全做好。这样,当用户在软件中取费时,只需要选定自己需要的模板,取费工作就完成了。有些概预算软件还具备以下功能:a. 允许用户在取费表中任意定义自己需要的取费项目,对费率进行任意修改。b. 允许用户在一个工程内同时建立多个费用文件,便于分部取费、子目综合单价取费以及报价时进行多个费用方案的报价比较。例如在一些公司推出的软件中,系统提供整个项目的汇总数据、各分部的汇总数据、按汇总类别的汇总数据、各材料表的汇总数据以及其他费用的汇总数据等,强大的取费基数生成功能,用户甚至可以随意提取几种材料组合出取费基数,制订取费表,真正实现了万能取费。

⑦自由报表

报表是一份概预算的最终表现形式。目前我国还没有统一的预算报表规范,各地区对预算报表的格式要求存在一定的差异,即使在一个地区,不同部门及行业之间,由于内部规范的特定要求,其报表的表现形式也是不同的。例如,有的地区要求预算表中只要列出子目的单价和合价即可,而有的则要求列出人、材、机各项的完整费用。基于这种情况,在软件设计中应提供各种报表的模板供用户选择。这些模板应根据各地的报表格式要求设置,并设计多种报表方案,以便用户使用软件时,根据自己所需输出报表。

从以上可以看出,我国目前所编制的大部分预算软件都是以政府统一颁布的预算定额和取费定额为计价依据的,即主要适合于"计划价格"的编制,但随着建筑产品价格的逐步放开,开发适合建筑产品市场价格计算的预算软件成为当务之急。同时,不同用户有着不同的要求和自身特点,所以针对不同的用户进行预算软件的个性化设计以及用户在预算软件基础上的功能修改和扩展,也成为预算软件开发的必然趋势。

(5)预算软件的优点

建筑工程造价的确定是一项查询量和计算量都相当大的工作。它的特点是重复性工作多,而这种类型的工作是最适合计算机来完成的。工程概预算采用计算机编制,提高了概预算的编制速度。有了计算机这个先进的工具,与使用手工编制概预算相比较,在时间效益方面占有绝对的优势。

应用计算机编制工程概(预)算有如下优点:

①编制速度快,工作效率高,可大大减轻概预算工作人员的劳动强度。

②编制概预算的口径一致,计算准确,特别是软件在识图和计算工程量功能方面尤为突出。

③利用计算机可以更好地进行材料分析,节约材料的消耗量,降低工程成本。

④修改数据特别方便,而且数据丰富、齐全,便于对概预算进行审核或对比。

⑤用计算机能将施工组织计划和工程概预算联系起来,可以更好地挖掘潜力,缩短工期,提高经济效益。

(6)计算机软硬件的选择

①硬件环境,最低配置:

a. 处理器。Pentium Ⅲ 800 MHz 或以上。

b. 内存。512 MB,建议 1 GB 以上。

c. 硬盘。至少 200 MB 可用硬盘空间,建议 1 GB 以上可用硬盘空间。

d. 显示器。VGA、SVGA、TVGA 等彩色显示器;分辨率 800 × 600,16 位真彩。建议 1 024 × 768,24 位真彩。

e. 打印机。各种针式、喷墨和激光打印机。

②软件环境

Windows 环境:Microsoft Windows 2000、Windows XP 配有中文环境的版本,建议安装中文 Windows 7.0 版本。

③浏览器。建议使用 Internet Explorer 6.0 及以上版本。

(7)**建设工程套价系列软件的特点和应用步骤**

①建筑工程套价系列软件的特点

a. 专业齐全,数据完整准确,更具权威性。

b. 领先技术的"智能汇总"方式,对预算书作出任何修改后,所有相关数据立即自动更新汇总,真正实现所见即所得。多页面切换式操作简单明了,同一窗口下完成与概预算编制有关的所有操作。

c. 综合费率、详细费率和费率模板 3 种取费模式,更轻松、更随意。

d. 定额库、工、料、机数据库分章节、分类别管理。完整的章节说明及定额子目的计算规则和工作内容,查询方便,使用户可完全脱离定额手册进行工作。

e. 灵活多样的数据录入方式,不同定额库之间的定额子目数据可以互相借用,实现跨专业调用。

f. 对项目数据可以进行块操作。如模块复制、模块粘贴、模块移动、模块删除,调整当前定义模块的人、材、机及工程量系数等,特别是有些软件独有的模块汇总计算功能,可实现对选中模块的实时汇总计算并同时打印相关报表,满足工程分部结算及分包的需要。

g. 灵活的定额换算功能。如支持人、材、机含量的增减及基价和工程量系数调整;支持配合比换算、商品混凝土换算;无限次定额运算,随时改动,随时产生新的结果;换算后的子目可直接保存为补充定额。

h. 附注说明处理功能。凡是在定额中出现的有关章、节、子目的说明及附注以及定额中诸如运距增减、整体面层、找平层和刷油等涉及增减的子目,软件均可自动处理。

i. 所有与预算有关表格均可传送到 Excel 电子表格中,并可按综合单价格式(工程量清单)进行报价。

j. 可存储任意多期材料价格信息,并可动态维护材料价格数据库。

k. 特有工程审核功能,可分别对直接费、价差、工程取费进行增减账处理,并可直接打印审核对照表;支持将审核格式转为预算格式,满足工程项目的多级审核要求。

l. 提供与工程量自动计算软件的自动接口功能,利用它可以将定额项目和工程量直接导入到套价软件,自动套用定额。

②运用建筑工程套价系列软件编制预算的步骤

A. 确定当前工程,输入综合信息。新建或打开一个工程项目。新建工程应输入工程编号,输入工程概况和取费参数等综合信息。

B. 编制工程预算书,输入子目信息。输入各个分项工程的定额子目编号或选定工程子目,输入相应的工程量,并进行适当的调整和换算(配比换算、附注说明处理或系数调整及材料替换)。若定额子目含有未计价材料(适用于安装和市政工程),应选取其品种,确定其价格。

C. 调整材料价差。材料价差调整有两种方法,对用量较少而价值较低的材料,采用系数调整的方法。对用量较大而价值较高的材料,采用按实调整的方法。调价依据有2种:a. 直接输入市场价调价;b. 选择材料价格库(其他材料价格信息库)调价。

D. 取费调整。用户可根据工程实际情况对取费表作进一步调整,如修改费率、增加取费项目等。采用系数调整方法调整人工、材料和机械价差时,还要输入人工、材料和机械价差的调整系数。

E. 打印输出各类预算表。用户在预算编制界面点击打印输出按钮或点击系统主菜单的当前工程汇总输出栏的打印输出报表项即可打印。

(8) 工程量自动计算软件的特点与编制步骤

工程量计算占全部预算编制工作60%以上的工作量。工程量计算的快慢直接影响和决定工程预算书的编制速度。

①工程量计算软件的特点

a. 支持正交(8套)、弧形(5套)、圆形(2套)、倾斜多种轴线,可完成任意形状建筑物图形的输入。柱、梁(多层)、板、墙、门窗(多层)、楼梯、洞口、屋面、基础等假设为独立层分别输入,计算时自动进行叠加处理,并根据当地工程量计算规则,自动扣减计算出主体工程量。

b. 根据输入的建筑结构和平面图形,采用扫描或单独定义的方法,快速准确地自动计算出各种装饰工程量,如梁柱面、墙面、墙裙、踢脚线、楼地面、天棚等工程量。

c. 可以进行各种类型的基础工程量自动计算,如板式、满堂、条形、独立、桩基等基础工程。同时,自动计算土方、垫层、地梁、防潮层、基础模板、回填土等工程量。

d. 一多层建筑在画完一标准层后,采用图形复制、功能复制和属性替换等功能,可以快速方便地画完其他楼层。图形按实际比例显示,可随意缩放,尺寸自动标注,因此图形输入准确与否一目了然。同时,软件提供丰富的图形输入、编辑、修改、查询功能,为工程图快速方便输入计算机提供了保证。画完的工程图形可以打印、存盘和拷贝,便于携带保存和工程招标或决算时使用。

e. 全鼠标图形操作,采用智能感知技术,程序能自动感知用户想做什么,并及时提供相应的提示和帮助,因此图形输入灵活方便,使枯燥、繁杂、令人头疼的工程量计算变得轻松快捷,简单易学。用户在定义好轴线后,只需把柱、梁、板、墙、门、窗、洞等点到计算机屏幕上即可,其余工作由计算机自动完成,可提高工效 3~6 倍。

f. 图形工程量自动计算,所见即所得。计算的结果、明细、公式、汇总和工程图形均可显示和打印输出,便于审核和校对,并满足不同用户的不同需求。

g. 画图效率高,操作简便。实现图形移动拼接,图形翻转复制,自动捕捉定位,数据批量录入等功能。

h. 开放式的数据文件管理,方便用户随意增减定额或图集。自定义工程量计算规则,可以适合全国各地的定额管理要求和特殊情况。工程量计算的结果,可以生成DBF 文件或文本文件,方便用户作二次开发使用。

i. 采用面向对象技术和软件工程规范进行设计编程,因此系统稳定可靠。整个系统只有一个 FYF 程序,便于维护和升级。

j. 采用高精度三维矩阵图形几何算法,实现工程量的自动扣减计算,其计算误差在千分之一内,比人工允许的误差提高数十倍。

②运用工程量计算软件计算的步骤

A. 重点看图。

a. 修正施工图样。首先按施工图会审记录和设计变更通知单的内容修改、订正全套施工图。

b. 粗略看图。了解工程的基本概况;了解工程的材料和做法;了解图中有没有"钢筋表""混凝土构件表"和"门窗统计表";了解施工图表示方法。

c. 突出重点,详细阅图。阅图的范围,主要是建筑"三大图"和"设计说明"。要着重弄清以下几个问题:

● 房屋室内外高差,以便在计算机计算室内挖、填方工程时利用这个数据。

● 建筑物层高、墙体、楼地面面层、门窗等相应工程内容是否因楼层或部位不同而有所变化。

● 工业建筑设备基础、地沟等平面布置情况,以利于基础和楼地面工程量计算。

● 建筑物构配件如平台、阳台、雨篷、台阶等的设置情况。

B. 合理安排工程量计算顺序,是准确快速计算工程量的关键之一。例如,在基础工程量计算完后,紧接着计算墙体工程量,而墙上门窗和洞口占多少面积? 嵌入墙体而规定扣除的混凝土构件占多少体积? 这些数据都没有提供,而临时又要将这些内容"插"进来,根据局部的需要进行清查计算。这种计算方法很容易出错,并且临时计算出"扣除数量"后,到计算门窗和混凝土分部工程量时,又要进行重复计算。一旦发现与前边的扣除量有出入,还需要进行调整,将再次发生重复劳动。因此,若在基础工程量计算之后,紧接着就计算门窗、洞口和混凝土分部工程量,然后再计算墙体分部工程量,就可一次完成计算过程,既省事,又准确。

C. 灵活运用"统筹法计算原理"计算工程量。

a. 选用模板或直接新建立一个工程。

b. 按照第二步的合理安排,分别计算工程量。

D. 打印输出工程量计算清单。

a. 运行"打印预览"功能。

b. 选择打印机、选择纸张类型、设置页边距、选择打印范围。

c. 打印输出工程量计算清单。

E. 导出计算结果为定额接口数据。

a. 运行"导出"功能。

b. 选择导出文件类型和文件存放目录,输入文件名,确定后导出。

F. 套用定额。

运行工程套价系列软件,导入定额接口数据,编制预算书。

(9) 图形自动算量软件的特点及编制步骤

①图形自动算量软件的特点

A. 计算规则彻底本地化。画图时无须考虑计算规则,软件会自动按照当地的计算规则进行扣减。

B. 整层换算。建筑物各层之间房间布置、结构类型都差不多,只是混凝土标号不一样,画图时只需完成一层,其他各层复制就可以了,同时软件会自动按各种标号分类计算。

C. 超高自动处理。如果建筑物某一层层高超过计算规则规定的高度,往往要求相应实体作系数调整或增套子目,遇到这种情况,软件会自动进行换算。

D. 房间装修简单快捷。将各个房间的装修作法套好子目,用鼠标点击相应位置的房间,软件会自动计算出各个房间的工程量。

E. 提供标准图集。只要输入图集的标准代号,子目和工程量自动套取。

F. 提供分部定义功能。可根据需要提取分层、分部工程量,方便施工单位每月报量,真正实现造价动态管理。

G. 引进虚墙概念。既不算量又起到分隔作用,方便各种复杂装修的处理。

H. 提供多种画法。可画直线、矩形、弧线等多种画法,鼠标可以任意捕捉各种端点、中点和交点,使画图定位更加方便。

I. 数据复用。同层之间可以镜像、复制、旋转,只要将标准部分画好,运用这些功能便可绘制各种复杂的建筑工程图。

J. 方便核对。提供显示单构件计算式功能和各种报表,方便工程量的校对工作。

②运用图形自动算量软件计算的步骤

A. 建立项目。确定要进行工程量计算的项目。

B. 楼层定义。就是将要做楼房的层数、每层的层高、建筑面积计算还是不计算等信息进行输入,同时对整幢楼的信息如室外地坪标高、外墙裙的高度等作出定义。

C. 定义轴线。在画图之前,应首先按照工程图的实际情况建立主轴线和辅助轴线。

D. 绘图。建立了项目和楼层信息,并定义了轴线以后,就要按照规则把工程图的内容输入到计算机。

E. 汇总计算。完成以上操作后,即可对所画图形进行单层或多层的汇总计算,根据计算的结果,在汇总表中检查工程各部分的工程量、计算公式和项目是否正确。

F. 报表输出。计算的结果(包括计算公式、明细、位置等)和工程图形均可打印,便于用户审核和校对。

(10)钢筋用量自动计算软件中钢筋用量的计算方法

①直接抽筋方式。先通过预算人员手工抽筋并在草稿之上抄录好钢筋的图形和各段的长度后,再统一输入,由机器汇总计算,并根据用户需要打出各种报表的方式。

②布筋输入(按构件选择钢筋输入)抽筋方式。对于常见的基础、柱、梁、板、墙、楼梯等构件,软件中画出了相应的图形,可以先按照设计图输入构件边界条件(支座宽度、轴线长度、锚固长度等),再为构件选择相应的钢筋,软件会自动计算钢筋长度。

③表格输入抽筋方式。表格输入抽筋就是用与设计施工图表格一致的图表形式,完全按照设计图要求输入各项工程数据,软件将自动计算图中包括的所有钢筋,并输出需要的钢筋报表。

④平法抽筋方式。预算人员抽取钢筋时,仅需要将平法施工图中有关梁、柱的数据,依照图中标注的形式,直接输入平法输入方式的表格中,软件会自动将梁、柱中全部钢筋列举出来,并自动计算各钢筋的长度、重量,使预算人员抽筋真正实现了简便快捷。

⑤多边形布置抽筋方式。指通过人工绘制形状较为复杂的现浇板、剪力墙等构

件,按照图中的设计要求输入钢筋的各种参数条件,然后按照指定的布筋方向布置钢筋,计算输出钢筋的各种长度的一种算法。

问题思考

某工程建安造价为 1 200 万元,材料比例占 60%,预收备料款额度为 30%,每月完成工程费用见表 5.10。计算该工程的备料款数额,起扣点数额(预付工程款从未施工工程尚需的主要材料及构件的价值相当于工程款数额时起扣);每月工程进度款应如何计取?

表 5.10　逐月完成建安费用表

单位:万元

施工月份	3 月	4 月	5 月	6 月	7 月
建安费用	240	260	260	240	200

参考链接

［1］国家精品课程网,http://course.jingpinke.com/.

［2］建筑论坛-建筑技术讨论区-造价工程师论坛,http://www.abbs.com.cn/bbs/.

［3］中国工程预算网,http://www.yusuan.com/.

［4］中国建设工程造价管理协会,http://www.ceca.org.cn/.

［5］造价者网,http://www.zaojiazhe.com/.

［6］中国造价网,http://www.cnzaojia.com/.

［7］中国建设工程造价信息网,http://www.cecn.gov.cn/.

［8］国家工程建设标准化信息网,http://www.risn.org.cn/.

［9］中华人民共和国住房和城乡建设部,http://www.mohurd.gov.cn/.

［10］重庆市建设工程造价管理信息网,http://jzzb.cqjsxx.com/cq_zjz/index.aspx.

［11］重庆市建设工程造价管理总站,http://www.cqsgczjxx.org/.

［12］中华人民共和国财政部,http://www.mof.gov.cn/.

［13］建设工程教育网,http://www.jianshe99.cn/.

参考文献

[1] 丁春静.建筑工程概预算[M].北京:机械工业出版社,2003.

[2] 齐宝库,黄如宝.工程造价案例分析[M].北京:中国城市出版社,2009.

[3] 陈宪仁.装饰工程预算与报价[M].北京:中国水利水电出版社,2003.

[4] 柯红.全国造价工程师执业资格考试培训教材:工程造价计价与控制[M].北京:中国计划出版社,2009.

[5] 俞国凤,吕茫茫.建筑工程预算与工程量清单[M].上海:同济大学出版社,2005.

[6] 樊俊喜.园林工程建设概预算[M].北京:化学工业出版社,2004.

[7] 冯占红.工程预算综合实践[M].北京:高等教育出版社,2002.

[8] 陈祖建.室内装饰工程预算[M].北京:北京大学出版社,2008.

[9] 周佳新.园林工程识图[M].北京:化学工业出版社,2008.

[10] 骆中钊.预算编制[M].北京:化学工业出版社,2009.

[11] 马永军.看图学园林工程预算[M].北京:中国电力出版社,2009.

[12] 刘匀,金瑞珺.工程概预算与招投标[M].上海:同济大学出版社,2012.

[13] 杜爱玉.园林工程概预算便携手册[M].北京:中国电力出版社,2012.

[14] 中国建设工程造价管理协会.中国建设工程造价管理基础知识[M].北京:中国计划出版社,2011.

[15] 陈教斌.建筑装饰材料[M].武汉:华中科技大学出版社,2013.

致　谢

　　本书的编写是在各方的帮助和鼓励下完成的。首先要感谢重庆大学出版社社长邓晓益先生和艺术分社的张菱芷女士给了我们参与"高等院校艺术设计创新实训教材"丛书编写的机会,其次要感谢责任编辑骞佳女士的不断指导和鼓励,才使书稿逐渐完善和丰满,另外还要感谢重庆人文科技学院(原西南大学育才学院)建筑与设计学院的张雄院长和莫渊助理,因为认识他们才有这段编写教材的因缘。当然还要感谢西南大学园艺园林学院的领导和老师们,因为有和他们这么多年一起工作和交流的经验,才使得我们在做工作时充满热情和信心。最后感谢家人在生活上的照顾和精神上的支持。